Oliver Drewes

Das AQUATERRARIUM und seine Bewohner

Australische Wasseragame

Drewes, Oliver:
Das Aquaterrarium und seine Bewohner / Oliver Drewes
Meckenheim: VIVARIA Verlag 2010
ISBN 978-3-9813176-3-3

Die Ratschläge und Anleitungen in diesem Buch wurden vom Autor nach bestem Wissen niedergeschrieben und vom Verlag und seinen Beauftragten sorgfältig geprüft. Dennoch kann eine Garantie nicht übernommen werden. Eine Haftung des Autors beziehungsweise des Verlages und seiner Beauftragten für Personen-, Sach- und Vermögensschäden ist ausgeschlossen. Ausgeschlossen ist ebenso die Haftung für Schäden, die aus der Verwendung von in diesem Buch empfohlenen Produkten resultieren könnten.

Layout und Satz: Oliver Drewes, 53340 Meckenheim
Zeichnungen: Vogelsang Werbegrafik, 53127 Bonn
Lektorat: Wort & Text, 40235 Düsseldorf
ISBN 978-3-9813176-3-3

Oliver Drewes
Dürerstr. 23
53340 Meckenheim

www.vivaria-verlag.de

INHALTSVERZEICHNIS

DAS AQUATERRARIUM

Beschreibung

Das Aquaterrarium besteht, wie der Name richtig vermuten lässt, aus einem Land- und einem Wasserteil. Nach Größe des Wasser- und Gestaltung des Landteils werden Sumpfterrarium (Paludarium) und Uferterrarium (Riparium) unterschieden. Vereinzelt stößt man bei anderen Autoren auch auf die Begriffe Terra-Aquarium und Aqua-Terrarium. Die Übergänge sind jedoch fließend, und man kann die Pflege einer bestimmten Tierart oft nicht streng auf einen der beiden Typen begrenzen. Die Größe des Wasserteils und die Höhe des Wasserstandes hängen von den Bedürfnissen der gepflegten Art ab. Der Landteil wird meist mit vielen Pflanzen ausgestattet. Damit sich die Tiere nach Belieben trocknen und aufheizen können, muss ein trockener Platz unter einer Heizlampe angeboten werden. Je nach gepflegter Art herrschen im unbeheizten Aquaterrarium Temperaturen von 15-24 °C und im beheizten 24-30 °C.

Beispiel eines Aquaterrariums

Der Übergang vom Wasser- zum Landteil muss so gestaltet sein, dass die Tiere problemlos aus dem Wasser klettern können. Als Hilfe dienen zum Beispiel ins Wasser ragende Äste.

Rückwand

Primäre Funktion von Rückwänden ist, sofern es sich nicht um Fotorückwände oder einfarbigen Anstrich der Terrarienaußenscheiben handelt, die Flächenvergrößerung für kletternde Tiere. Ein weiterer Vorteil von Rückwänden ist, dass sich die Tiere damit sicher fühlen. Ohne ihre schützende Wirkung sind die Tiere einem nicht zu unterschätzenden Dauerstress ausgesetzt. Bei etwas nervöseren Tieren wie Basilisken und Wasseragamen sollten auch die Seiten mit einer Sichtschutzwand ausgestattet sein, so dass nur die Frontscheibe einzusehen ist. In Rück- und Seitenwände lassen sich Pflanzen einsetzen, die das Terrarium zu einem dekorativen Blickfang in jeder Wohnung machen. Der Terrarianer hat grundsätzlich die Wahl, fertige Rückwände aus dem Handel einzusetzen oder sich seine Rückwand in Eigenbau zu gestalten. Kalkuliert man die beim Eigenbau benötigte Arbeitszeit und die Materialkosten, erscheint der Anschaffungspreis der fertigen Rückwand auf den zweiten Blick auch gar nicht mehr so hoch. Dennoch kann für besondere Terrariengrößen oder bestimmte Vorstellungen des Halters der Eigenbau eine Alternative sein. Voraussetzungen sind handwerkliches Geschick, Geduld und Materialkenntnis. Rückwände, ob gekauft oder selbst angefertigt, die rückseitig nicht plan sind, sollten rundum unbedingt mit Silikon abgedichtet werden, um Parasiten und Futtertieren keine Zufluchtsmöglichkeit zu gewähren.

Presskorkplatten stellen die simpelsten Rückwände dar. In Frage kommt für die Terraristik nur gepresster Kork, da geklebter Kork unaufhörlich Lösungsmittel ausgast. Die Oberfläche lässt sich durch Sägen, Fräsen und Auskratzen individuell bearbeiten – zum Beispiel mit der Drahtbürste, einem flachen Spachtel oder einem Löffel. Ist das Material dick genug, können später sogar Pflanzen eingesetzt werden.

Noch plastischer wirkt eine Rückwand, wenn **flache Stücke Korkrinde** aneinander gesetzt und mit Silikon auf die Rückwand geklebt werden. Dazwischen können gewölbte Stücke, schräg angeschnitten, so mit eingearbeitet werden, dass sie mit Substrat befüllt und bepflanzt werden können. Die übrigen Zwischenräume lassen sich mit Epoxidgießharz auffüllen, um entkommenen Futtertieren oder Parasiten keinen Unterschlupf zu bieten.

Rückwände, die viel Substrat für Pflanzenwurzeln bieten, können aus **Kunststoffgeflecht oder Chromstahldraht** hergestellt werden. Dafür wird Drahtgeflecht auf einen Rahmen aus zum Beispiel Dachlatten gezogen, der später mit Silikon eingeklebt werden kann. Die Drahtstruktur wird durch eingesetzte Moosstücke beinahe unsichtbar. Der Zwischenraum hinter dem Moos wird mit Substrat befüllt. Je nach Größe der Pflanze kann mit einer Zange die Maschenweite des Drahts stellenweise größer geschnitten werden.

Wem dies zu aufwendig ist, der findet in fertigen **Kokosfasermatten** mit eingearbeiteten Pflanztaschen eine ideale Alternative. Die Kokosfasern sind mit natürlichem Kautschuk gegen Verrottung geschützt. Sie können mit gewöhnlichen, gleich starken Kokosfasermatten ohne Pflanztaschen kombiniert werden. Befestigt werden sie mit einigen Punkten Silikon.

Eine Rückwand, die bei intensiver Beleuchtung und hoher Luftfeuchtigkeit von selbst ergrünt, besteht aus Baumfarnplatten. Diese sind unter der Bezeichnung **Xaxim**, Schaschim gesprochen, bekannt. Neben den Platten, die im Handel nur mit Cites-

Presskorkrückwände aus dem Zoofachhandel sind tierverträglich zusammengeleimt.

Kokosfaserrückwände mit Pflanztaschen und künstlichen Pflanzen.

Geschnittene Baumfarnplatten Xaxim.

Bescheinigung abgegeben werden, da die Pflanzen unter Naturschutz stehen, wird in letzter Zeit auch Plantagenxaxim dokumentenfrei angeboten. Aus dem gleichen Material gibt es passend auch Pflanztöpfe oder astförmige Stücke.

Nach einem ähnlichen Prinzip wie die oben beschriebenen, gut bepflanzbaren Rückwände aus Kunststoffgeflecht oder Chromstahldraht können ebenfalls dreidimensionale Felslandschaften konstruiert werden. Hierzu wird eine möglichst feine **Drahtgaze** großzügig bemessen auf einem kleineren Holzrahmen fixiert. Die entstehenden Falten werden beliebig in Form gebracht. Anschließend wird die Drahtgaze mit Epoxidharz, Moltofill für den Außenbereich oder mit Fertigbeton bestrichen. Wahlweise können Farbzusätze verwendet oder der frische Anstrich mit Materialien wie Sand abgebunden werden.

Xaximplatten ergrünen bei guter Beleuchtung und entsprechendem Klima von selbst. Zu Präsentationszwecken wurden hier neue und aus Terrarien stammende Stücke kombiniert.

Eine Unmenge von Gestaltungsmöglichkeiten bietet das Arbeiten mit **Styropor** oder dem etwas festeren **Styrodur**. Bruchstücke in einer Stärke von 1-2 cm lassen sich mit Silikon aufeinander kleben; sie sehen später wie Steinplatten aus. Aus einige Zentimeter dickem Material oder mehreren aufeinander geklebten 1-2 cm starken Platten lassen sich sogar Felsstrukturen formen. Das Material kann mit einem Messer, Löffel, Spachtel oder Ähnlichem bearbeitet werden. An der frischen Luft lassen sich mit Lötkolben oder Bunsenbrennern schöne Strukturen prägen. Auch Pflanztöpfe können mit Hilfe von Silikon eingesetzt werden. Anschließend wird die Oberfläche mit Epoxidharz, Moltofill für den Außenbereich oder Fertigbeton überzogen. Je nach Geschmack und Terrarientyp lassen sich mit Torf- und Kokosfasern, Kies, Sand oder zementfesten Farben natürlich wirkende Oberflächen erzielen. Verwendet man Farben, wirkt nach meiner Erfahrung der Kontrast einer helleren Grundfarbe mit dunkleren Sprenkeln sehr echt. Dies erreicht man durch eine in wenig Farbe getauchte Zahnbürste, deren Borsten man mit dem Daumen nach vorn schnellen lässt.

Ein noch viel formbareres Material ist **PU-Schaum**. Der Terrariengröße entsprechend befestigt man einen Rahmen auf einem Holzbrett und legt die Form mit Papier aus, um die Rückwand später besser herauslösen zu können. Die Tiefe der späteren Rückwand sollte beim Auswählen der Rahmen berücksichtigt werden. Nach dem Ausschäumen kann man den PU-Schaum mit Wasser besprühen und je nach Umgebungstemperatur nach 15-30 Minuten die nicht mehr klebrige, aber noch formbare Masse nachträglich verändern. Anstatt die Rückwand in einem Arbeitsgang fertig zu stellen, kann man auch mit einer dünnen Schicht beginnen. In diese werden dann beispielsweise Töpfe für Pflanzen, Filmdöschen als Froschhöhlen oder Wasserbecken für Ultraschall-Nebler eingearbeitet. Natürlich können auch Kunststoffrohre und -winkel eingebracht werden, durch die später das Wasser aus einem kleinen Teich wieder nach oben zum Wasserfall gepumpt wird. Wenn der PU-Schaum getrocknet ist, wird die Rückwand mit Polyesterharz bestrichen. Nach einwöchiger Trockenphase wird dieser Schritt wiederholt, und je nach Wunsch wird Kies, Sand oder Bodengrund mit aufgetragen. Nach mehrmaligem Wässern sollte die Rückwand dann etwa einen Monat ausgasen.

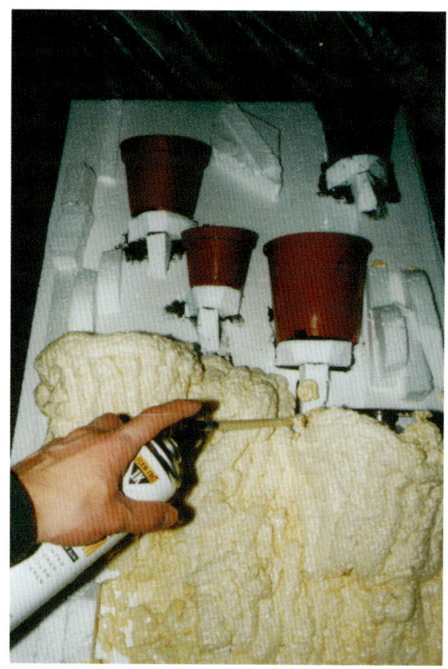
Wulstartig wird Montageschaum aufgesprüht.

Gegen Staunässe werden Abläufe geschaffen.

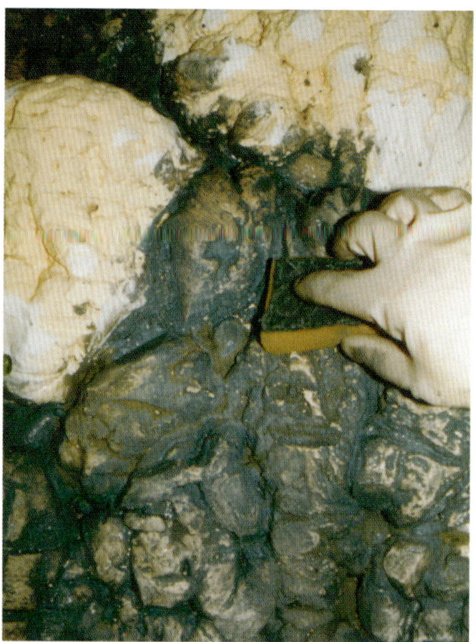
Abwischen lässt helle Grundfarben erscheinen.

Pflanzen werden mit Töpfen eingesetzt.

Dekoration

Dekorationsmaterialien erfüllen für die artgerechte Haltung unterschiedliche Zwecke.

Viele Terrarientiere brauchen vor allem **Klettermöglichkeiten**. Die Stärke der Äste sollte der Größe und Sitzgewohnheit der Tiere entsprechen. Werden Äste als Sonnenplätze benutzt, müssen sie horizontal unter einer Lichtquelle angebracht werden. Kletteräste müssen der Größe und dem Gewicht der Tiere entsprechen. Gegebenenfalls sind Äste auf einer großflächigen Grundfläche fest zu verschrauben.

Unerlässlich sind Dekorationen, um **Verstecke** zu schaffen. Diese vermitteln den Tieren Sicherheit, bieten Zuflucht und die Möglichkeit zur Abkühlung durch Verdunstungskälte. Damit Höhlen nicht nur der Gewissensberuhigung des Halters dienen, sondern dem Tier wirklich nützen, sollten sie kaum größer sein als das Tier selbst. In der Höhle fühlt sich das Tier bei Körperkontakt zum Versteck erst geschützt. Für Pfleglinge, die durch Mitbewohner des Terrariums zuweilen gejagt werden, dürfen Höhlen allerdings nicht zu ausweglosen Fallen werden.

Ideal sind Dekorationen auch, um **Sichtbarrieren oder Reviergrenzen** zu schaffen. Bei Haltung von mehreren territorialen Männchen sollten mehrere Futterstellen mit dazwischen angebrachtem Sichtschutz eingerichtet werden.

Gerne werden Dekorationen, vor allem Steine und Äste, von den Tieren auch als Häutungshilfen benutzt. Dem Halter dienen Dekorationsmaterialien zum Kaschieren von technischem Zubehör.

Grundsätzlich muss bei der **Aufstellung** sichergestellt werden, dass Futterreste und Exkremente immer noch entfernt werden können. Lüftungsgitter dürfen nicht von Dekorationsmaterial abgedeckt werden. Vor allem dürfen Dekorationsgegenstände nicht umfallen. Sie sollten immer direkt auf den Glasboden des Terrariums gestellt werden, damit sie nicht untergraben werden können. Steinaufbauten sollten mit Silikon oder Zement verklebt werden.

Nachfolgend soll auf einige Dekorationsmöglichkeiten näher eingegangen werden:

Hölzer sind die am häufigsten in Terrarien eingesetzten Dekorationsmaterialien. Aus der Natur entnommenes Material sollte nicht modrig riechen, da der Geruch besonders beim Einsatz in Regewaldterrarien recht unangenehm ist. Schnecken und eingebrachte Insekten sind für die meisten Terrarienbewohner ein willkommenes Zusatzfutter. Zu bedenken ist, dass sich in Stücken mit rauer Rinde, Öffnungen oder Spalten leichter Parasiten festsetzen. Äste sollten nie überkreuzt werden, da sich Echsen in Öffnungen leicht den Schwanz einklemmen können. Genauso müssen Schnittstellen von Ästen möglichst spaltenlos an die Rückwand oder Terrarienscheibe gestellt werden. Recht gut halten sich im Terrarium Äste von Pflaumen- und Birnbäumen. Dekorativ und knorrig sind die beim Stutzen kleiner Apfelbäumchen anfallenden Äste, wie sie in Gegenden mit viel Obstanbau zu finden sind. Schöne Formen haben auch dickere Zweige der Korkenzieherweide oder der Korkenzieherhasel. Weinreben sind sehr gut in Terrarien einsetzbar und verwittern nicht so schnell. Allerdings dürfen an diesen keine Rückstände von Chemikalien zu finden sein, wie sie im Weinanbau regelmäßig gegen Rebläuse oder Mehltau eingesetzt werden. Äußerst beliebt sind Korkrinde und Korktronchos. Lange haltbar und ansprechend geformt sind Moorkien-, Savannen- und Tropenholz. Als Wassergefäße oder umgekehrt als Höhle aufgestellt, lassen sich halbierte Kokosnussschalen gut verwenden. Geckos klettern gerne auf Bambusrohren und benutzen Bambusröhren mit größerem Durchmesser bevorzugt als Behausung. Gerade für tropische Terrarien sind Schwarztorfstücke ein ausgezeichnetes Gestaltungsmaterial, da sie mit Sägen und Feilen bearbeitet werden können.

Gerne werden im Terrarium zur Dekoration auch **Steine** verwendet. Unter Wasser eingesetzte Steine sollten keinen Kalk abgeben, da sonst ungewollt die Wasserhärte zunehmen kann. Schiefer lässt sich gut spalten und zerkleinern. Weißes Lochgestein hat im Vergleich zu jugoslawischem Lochgestein keine scharfen Kanten. Lavastücke sind in der Regel nicht sehr dekorativ, recht kantig und saugen unheimlich stark Exkremente und Urin auf.

Aus **Kunstharz** nachgebildete Wurzel- und Aststücke sind, im Terrarium eingesetzt, optisch kaum von natürlicher Dekoration zu unterscheiden. Ihr Vorteil ist, dass sie Parasiten kaum Unterschlupf gewähren, einfach zu desinfizieren sind und nicht schimmeln.

Künstliche Pflanzen erfüllen im Terrarium überwiegend dekorativen Zweck. Den Tieren ist es grund-

Lianen und Korktronchos stellen wertvolle Kletterhilfen im Terrarium dar.

Gute Kunstpflanzen sind heute auf den ersten Blick kaum noch von echten zu unterscheiden.

Weinreben eignen sich sowohl für trockene als auch feuchte Terrarien.

Künstliche Wurzeln wirken täuschend echt und lassen sich leicht desinfizieren.

Künstliche Steine lassen sich bei Veralgung in der Spülmaschine leicht reinigen.

TerraPonds sind Badeschalen, die ebenerdig mit dem Substrat eingesetzt werden.

sätzlich egal, ob die Pflanzen echt sind oder nicht. Für den Terrarianer aber haben die künstlichen Pflanzen mehrere Vorzüge: Sie müssen nicht gegossen werden, sind nicht vom Licht abhängig und gehen nicht ein. Vor allem aber lassen sie sich sehr gut reinigen. In vielen Terrarien sind echte Pflanzen dennoch vorzuziehen, zum Beispiel wegen ihrer klimabeeinflussenden Wirkung.

Ebenso zur Einrichtung des Terrariums gehört das Aufstellen von Trink- und Badeschalen bzw. im Typ des Aquaterrariums das Einrichten eines **Wasserteils**. Die Größe des Wasserteils hängt vom Bedürfnis der gepflegten Art und ihrer Körpergröße ab. Der Übergang vom Wasser- zum Landteil muss so gestaltet sein, dass die Tiere problemlos aus dem Wasser klettern können. Auf glatte Oberflächen, etwa eingeklebte schräge Glasscheiben, werden mit Silikon Kieselsteine oder mit Bootslack Sandkörner geklebt. Da viele Arten gern ins Wasser koten, ist eine regelmäßige Reinigung des Wasserteils erforderlich.

Ideal für die gepflegten Terrarientiere und zudem sehr dekorativ ist es, wenn der Wasserausstieg durch große Steine, Korkstücke oder ins Wasser ragende Äste erleichtert wird.

Bodengrund

Der Bodengrund im Landteil des Aquaterrariums wird mehr oder weniger feucht gehalten. Er dient je nach Material der Erhaltung der Luftfeuchtigkeit, dem Grabbedürfnis, der Eiablage oder als Pflanzsubstrat. In den meisten Fällen spielt die Höhe des Substrats eine wichtige Rolle. Obwohl der Bodengrund regelmäßig von Kot und Futterresten befreit wird, ist spätestens dann, wenn der Geruch als unangenehm auffällt, ein Reinigen oder komplettes Ersetzen des Bodensubstrats notwendig. Viele Bodengründe können in heißem Wasser ausgespült und mehrmals eingesetzt werden, bevor eine Neuanschaffung unumgänglich wird. Während des Auswechselns werden die Terrarientiere in einen ausbruchsicheren Karton, Eimer oder ein Ausweichterrarium umquartiert.
Von reiner Erde als Bodengrund sollte in Aquaterrarien abgesehen werden, da diese schnell fault. Falls Sie keine fertige Terrarienerde kaufen, können Sie Waldhumus mit Sand und Torf selbst mischen. Um Staunässe zu vermeiden, kann man eine Drainageschicht aus Blähton oder Kies einsetzen. Deckt man die Bodenschicht des Landteils mit Laub, Moos und Rindenstücken ab, können sich kleine Terrarientiere gut darunter verstecken.
Nachfolgend werden die Vor- und Nachteile der verschiedenen Bodengründe in alphabetischer Reihenfolge genannt.

Blähton kennen Sie bestimmt aus dem Bereich der Hydrokulturpflanzen. Im Landteil von Aquaterrarien eignet er sich als unterste Schicht, um Staunässe der oberen Substratschicht zu verhindern. Zwischen die unterschiedlichen Substrate wird eine Schicht Filterwatte gelegt, um ein Vermischen zu vermeiden. Idealerweise setzen Sie Blähton über einer schräg gestellten Glasscheibe ein, um das Wasser nach vorn zu leiten, wo sich ein Abfluss befindet. Alternativ kann ein Schlauch oder gewinkeltes Rohr eingeklebt werden, an dessen Einlass ein verstellbarer Ansaugkorb, wie er in der Aquaristik verwendet wird, aufgesteckt ist. Blähton speichert sehr gut die Feuchtigkeit, bietet in den Hohlräumen der relativ großen Kugeln aber ungewollt Unterschlupf für Futterinsekten. Zudem sehen die dicken Kugeln auch optisch nicht besonders attraktiv oder natürlich aus. Ein Kompromiss ist das viel feinere Seramis.

Douglasienrinde ist besonders saugfähig. Im Handel ist sie unter den Bezeichnungen „Terrano Red Bark“ oder „Reptibark“ bekannt. Den enthaltenen ätherischen Ölen wird eine antibakterielle Wirkung zugesprochen. Nach Ausspülen beim Reinigen sollte das Substrat nicht zu feucht wieder eingesetzt werden. Am besten mit einem alten Handtuch kurz trockenreiben. Trotz Reinigung sollte das Substrat je nach Belastung etwa jährlich ersetzt werden.

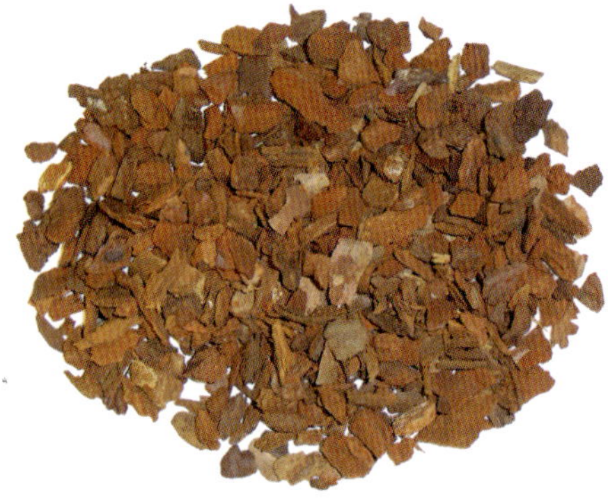

Douglasienrinde ist einer der beliebtesten Bodengründe für Halbfeucht- bis Feuchtterrarien.

Kokoschips speichern die Feuchtigkeit und passen daher besonders gut in halbfeuchte und feuchte Terrarien. Das Material verrottet kaum und gibt keine Stoffe oder Säuren ab. Es ist lose in Tüten erhältlich oder als gepresste Blocks, die dann in Wasser aufgeweicht werden.

Kokoschips speichern die Feuchtigkeit im Halbfeucht- bis Feuchtterrarium.

Lehm wird hauptsächlich mit anderen Bodengründen gemischt. Als Substrat hält er die Feuchtigkeit, verdichtet sich, ist ideal für grabaktive Arten und kann gut bepflanzt werden.

Kies kann gewaschen und immer wieder verwendet werden. Vor dem ersten Einsatz werden Staub und Verschmutzungen ausgewaschen. Kies ist ein idealer Bodengrund im Wasserteil eines Aquaterrariums. Grober Kies kann in Übergangsbereichen zu Wasserstellen und großen Trinkschalen eingesetzt werden, damit überlaufendes oder von den Tieren abtropfendes Wasser leicht versickern kann.

Moos ist kein eigentlicher Bodengrund, sondern wird zum Abdecken anderer Substrate benutzt. Es ist besonders für Feuchtterrarien und die Amphibienhaltung zu empfehlen.

Allerdings vermodert es mit der Zeit und muss deshalb in regelmäßigen Abständen erneuert werden.

Moos lässt sich gut in Feuchtterrarien und bei der Haltung von Amphibien einsetzen.

Pinienrinde ist in ihrer Optik und ihrem Feuchtigkeitsspeichervermögen der Douglasienrinde sehr ähnlich. Im Handel werden verschiedene Feinheiten angeboten. Feines Rindensubstrat imitiert am ehesten den natürlichen Waldboden. Sofern im Handel erhältlich, ist Douglasienrinde vorzuziehen.

Pinienrinde ähnelt optisch Douglasienrinde, enthält aber nicht die antibakteriellen, ätherischen Öle.

Quellhumus wird in Blocks angeboten, die, mit 1,5 bis acht Litern Wasser versetzt, aufquellen. Quellhumus speichert die Feuchtigkeit sehr gut und ist ein ideales Substrat für feuchte Terrarien. Er bietet sich für die Haltung von Fröschen an, wird aber auch oft für Spinnenterrarien verwendet. Quellhumus wird gerne mit anderen Substraten, beispielsweise Erde oder Sand, gemischt.

Quellhumus ergibt mit Wasser versetzt einen saugfähigen Bodengrund für Feuchtterrarien.

Rindenmulch wird für große Reptilien wie Leguane und Basilisken verwendet. Bei kleineren Reptilien kann der Verzehr zu Darmverschluss führen. Im feuchten, nicht ausreichend gelüfteten Terrarium schimmelt das Substrat schneller als andere Substrate.

Sand wird im Landteil des Aquaterrarium allenfalls unter Quellhumus, Erde oder Torf gemischt. Als alleiniges Substrat ist er nicht typgerecht. Im Wasserteil kann er gut als Bodengrund eingesetzt werden.

Untergemischter Sand erhöht die Wasser- und Luftdurchlässigkeit des Bodens.

Schwarztorf ist, in kleinen Mengen im Landteil eingebracht, in der Terraristik ein probates Bodendeck- und Baumaterial. Er wird im Zoofachhandel in handgroßen, festen Stücken angeboten. Schwarztorf ist lange haltbar, verrottet nicht und wirkt durch die Säureabgabe pilz- und bakterienhemmend. Überschüssiges Wasser wird vom Material aufgenommen und feuchtigkeitsregulierend an die Umgebungsluft abgegeben. Die Stücke können sehr schön und dekorativ in die Terrarienlandschaft integriert werden. Unerlässlich ist es, Schwarztorf vor dem Einbringen ins Terrarium einige Tage zu wässern. Sich ausdehnendes Material kann angeblich im Extremfall zu Glasbruch oder zum Einklemmen nach Deckung suchender kleiner Terrarientiere führen. Der Nachteil von Schwarztorf ist, dass sich die abgegebene Säure negativ auf das Pflanzenwachstum sowie die Bodenflora und -fauna auswirken kann.

Terrarienerde verdichtet sich bei Feuchtigkeit und ist ideal für grabaktive Arten. Blumenerde ist ungeeignet, da sie schnell verrottet und übel riecht. Terrarienerde kann nicht gereinigt und wieder verwendet werden, braucht aber über einen längeren Zeitraum nicht ausgetauscht zu werden, wenn man den Kot der Tiere absammelt. Es empfiehlt sich, Regenwürmer einzusetzen. Sie vertilgen Abfallstoffe und dienen den Terrarientieren zusätzlich als Nahrung.

Terrarienerde hält die Feuchtigkeit und ist ideal für grabende Arten.

Torf hält sehr gut die Feuchtigkeit und verrottet nicht. Trockener Torf ist jedoch staubig, feuchter verklumpt leicht, und in nassem bilden sich Säuren. Verzehrtes Material kann sich bei Reptilien im Darm festsetzen. Torf allein ist als Bodengrund weniger geeignet, aber im Gemisch mit anderen Substraten wie Sand oder Erde zu empfehlen.

Bepflanzung

Pflanzen erhöhen im Terrarium die Luftfeuchtigkeit, spenden Sauerstoff, dienen dem Zweck der Dekoration und Revierabgrenzung, bieten Sichtschutz, Schatten, Versteck- und Klettermöglichkeiten. Bei der Bepflanzung kann der Terrarianer seinen persönlichen Geschmack im Rahmen der spezifischen Ansprüche seiner Pfleglinge zum Ausdruck bringen. Die Herkunft der Pflanzen spielt keine Rolle, solange sie zum entsprechenden Terrarientyp passen und für die Tiere ungiftig sind. Bei der Auswahl der Terrarienpflanzen nimmt man große Pflanzen für die hinteren und kleine für die vorderen Bereiche des Terrariums, um die Bepflanzung übersichtlich zu gestalten. Bunte Pflanzen sollte man dezent als Farbkleckse einsetzen. Es ist ratsam, überwiegend grüne Pflanzen zu verwenden, da die Bepflanzung sonst schnell kitschig aussieht. Für kletternde Tiere wählt man robuste und hartlaubige Pflanzen, die auch deren Gewicht tragen. In relativ kleinen Terrarien fühlen sich kleinblättrige Pflanzenarten wohler, da sich großblättrige nicht gut entfalten können.

Neben dem zu erwartenden Wachstum müssen auch die Ansprüche der Pflanze selbst berücksichtigt werden. Das Wasser sollte beim Gießen der Terrarientemperatur entsprechen. Bei Verwendung von Wärmestrahlern kann die oberste Substratschicht ausgetrocknet erscheinen, während noch genügend Feuchtigkeit in der unteren Bodenschicht vorhanden ist. Gesprüht wird am besten mit kalkarmem Regenwasser. Zu kalkhaltiges Wasser hinterlässt auf den Blättern weiße Flecken. Ein weiterer Faktor ist der Bedarf an Licht. Falsche Beleuchtung wirkt sich auf Wachstum und Stoffwechsel der Pflanzen aus. Bekommen sie zu wenig Licht, vergilben die Blätter und es tritt Vergeilung, das heißt Längenwachstum, auf. Die benötigte Lichtintensität beträgt bei bevorzugt sonnigem Standort der Pflanze 100 000 Lux, bei hellem 10 000-20 000 Lux, bei halbschattigem 5 000-10 000 Lux und bei schattigem 2 500-5 000 Lux. Die Beleuchtungsdauer sollte täglich zwischen zwölf und 14 Stunden liegen. Im Terrarium sollte zumindest eine pflanzenwuchsfördernde Leuchtquelle vorhanden sein. Für die Photosynthese sind besonders die Rot- und Blauanteile des Lichts notwendig. Eine günstige Farbzusammensetzung und hohe Lichtausbeute zeichnen HQL- und HQI-Strahler aus. Allerdings sind diese erst ab 50 oder 70 Watt erhältlich und wegen der Wärmeabgabe beziehungsweise dem erforderlichen Abstand zu den Pflanzen nicht für alle

Terrarien geeignet. Ist der Abstand zu den Strahlern zu gering, vertrocknen die Blätter. Temperatur und Luftfeuchtigkeit sollten den Bedingungen in den Herkunftsgebieten entsprechen. Ob Pflanzen im Terrarium Dünger zugeführt werden kann, hängt von der Empfindlichkeit der gepflegten Tierarten ab. Im Zweifelsfall sollte lieber das Pflanzsubstrat erneuert werden. Generell sind Mangelerscheinungen bei Pflanzen eher durch falsches Licht und Wässern bedingt als durch zu wenig Nährstoffe.

Terrarienpflanzen lassen sich in verschiedene Gruppen einteilen. **Tillandsien** werden mit Nylonfäden, Streifen alter Nylonstrumpfhosen oder Draht direkt am Ast oder Stamm festgebunden. Die Drahtenden müssen gut weggebogen werden, damit die Tiere sich nicht verletzen. Tillandsien mögen es, wenn die Luftfeuchtigkeit nachts höher ist als tagsüber. Im feuchten Terrarium bekommen sie einen hellen bis sonnigen Standort. Epiphyten, **Aufsitzerpflanzen**, werden in Astgabeln oder Astlöchern angebracht. Astlöcher, in den Ast gebohrte Vertiefungen, müssen auf der Unterseite einen Abfluss haben, da die Pflanzen Staunässe nicht vertragen. Die Astlöcher werden mit Substrat wie Torfmoos, Kokosfasern und Lauberde befüllt, das mit Wurzel- und Aststückchen aufgelockert ist. Der Standort im Feuchtterrarium kann halbschattig bis hell sein. **Blattpflanzen** wie Baumfreund (*Philodendron*) und Birkenfeige (*Ficus benjamini*) benötigen halbschattige bis helle Standorte. Sie gedeihen gut in halbfeuchten und feuchten Terrarien. **Bromelien**, die je nach Art epiphytisch auf Bäumen oder im Boden wurzeln, wachsen rosettenförmig. In ihren Blatttrichtern sammelt sich Wasser, das gern von Pfeilgiftfröschen aufgesucht wird. Bromelien werden in feuchten Terrarien an schattigen bis halbschattigen Standorten eingesetzt. **Farne** bevorzugen in halbfeuchten und feuchten Terrarien schattige bis halbschattige Plätze. Sie verlangen hohe Luftfeuchtigkeit. Ebenfalls an schattigen bis halbschattigen Standorten mit hoher Luftfeuchtigkeit fühlen sich **Kletter- und Rankpflanzen** wohl. Besonders gut gedeihen Kriechender Gummibaum (*Ficus pumila*) und Efeutute (*Epipremnum aureum*). In der Gärtnerei gekaufte, kultivierte Pflanzen entwickeln sich besser als aus dem Garten entnommene.

Auf den Einsatz im Terrarium sollten die Pflanzen vorbereitet werden. Oft sind erworbene Exemplare nämlich mit Pflanzenschutzmitteln behandelt, auf die manche Terrarientiere empfindlich reagieren. Statt die Pflanzen direkt einzusetzen, braust man sie am besten erst ein bis zwei Wochen lang täglich ab. Idealerweise werden Pflanzen nicht nur bei grabenden Tieren in Töpfen ins Terrarium eingesetzt. Auf diese Weise lassen sie sich besser entnehmen, wenn zum Beispiel einmal die Bekämpfung von Spinnmilben oder Läusen erforderlich ist. Die Bekämpfung von Pflanzenschädlingen muss ohne chemische Mittel erfolgen, beispielsweise kann eine Lösung aus Brennnesselblättern und Wasser gesprüht werden. Dies geschieht selbstverständlich nicht im Terrarium, und die Pflanzen müssen vor dem Wiedereinsetzen gut gewässert werden. Im Terrarium können Schädlinge nur mit einem feuchten Wattebausch, Lappen oder Schwamm abgewischt werden. Eventuell verschwinden die Schädlinge auch bei erhöhter Luftfeuchtigkeit, da sie trockene Umgebungen bevorzugen. Bewährt haben sich ebenfalls in 200 ml Wasser gelöste halbe Aspirintabletten. Die Lösung kann mit der Sprühflasche zur Schädlingsbekämpfung eingesetzt werden, ohne dass Terrarientiere Schaden nehmen. Werden stattdessen neue Pflanzen eingesetzt, sollte damit etwas gewartet werden, damit diese nicht von Schädlingen befallen werden, die sich noch im Terrarium befinden.

Für den Wasserteil des Aquaterrariums sind nach meiner Erfahrung robuste **Wasserpflanzen** wie Javafarn und Anubias sowie wenig lichtbedürftige Arten wie Cryptocoryne das Richtige. Auch der schwimmende Farn *Salvinia auriculata* wirkt ausgesprochen dekorativ. In kalkarmem, leicht saurem Wasser wächst das schwimmende Sternlebermoos (*Riccia fluitans)* schnell und entwickelt sich sehr schön. Bei Aquaterrarien mit Pflanzen fressenden Terrarientieren wie Wasser- und Sumpfschildkröten sollte man auf die Bepflanzung des Wasserteils mit echten Pflanzen verzichten.

TERRARIENTECHNIK

Feuchtigkeit

Klimafaktor Feuchtigkeit

Die Feuchtigkeit ist ein wichtiger **Klimafaktor**. Ist das Klima zu trocken, kann es bei Terrarientieren zu Häutungsproblemen kommen. Ist das Klima für bestimmte Arten jedoch zu nass und die Belüftung unzureichend, können die Tiere ebenfalls erkranken, beispielsweise an Atemwegsinfektionen. Darüber hinaus bildet sich im Terrarium Schimmel.

Zu unterscheiden sind grundsätzlich die Boden- und die Luftfeuchtigkeit. Die **Bodenfeuchtigkeit** wird im halbfeuchten oder feuchten Terrarium durch den Einsatz feuchtigkeitsspeichernder Substrate wie Kokoschips, Schwarztorf oder Quellhumus unterstützt. Auch Bodenbedeckungen wie Moose halten die Feuchtigkeit.

Die **relative Luftfeuchtigkeit** ist das meist in Prozent angegebene Verhältnis zwischen der tatsächlich in der Luft vorhandenen Wassermenge und der theoretischen Maximalmenge, die bei einer bestimmten Temperatur vorhanden sein könnte. Warme Luft kann mehr Wasser aufnehmen als kalte Luft. Wenn die Temperatur ansteigt und die Wasserdampfmenge in der Luft gleich bleibt, dann sinkt die relative Luftfeuchtigkeit. Sinkt die Temperatur bei konstanter Wasserdampfmenge in der Luft, steigt die relative Luftfeuchtigkeit. Luft mit 100 % relativer Luftfeuchtigkeit ist gesättigt.

Die Messung erfolgt über Hygrometer, die im Terrarium gut einsehbar angebracht werden. In der Wohnung liegt die relative Luftfeuchtigkeit in der Regel bei etwa 50 %. Im Aquaterrarium beträgt die erforderliche Luftfeuchtigkeit je nach Art bis zu 95 %. Man muss mehrmals täglich sprühen und einen Wasserfall oder eine Beregnungsanlage einsetzen. Nachts ist die relative Luftfeuchtigkeit automatisch höher, da kältere Luft weniger Wasser aufnehmen kann und schneller gesättigt ist. Mit sinkender Temperatur nimmt die relative Luftfeuchtigkeit zu; bei steigender Temperatur fällt sie.

Bei der Pflege von Amphibien ist besonders auf die Luftfeuchtigkeit zu achten, da diese Arten Feuchtigkeit über die Haut aufnehmen.

Befeuchtungssysteme

Zur Erhöhung der Luftfeuchtigkeit kommen unterschiedliche Möglichkeiten in Betracht.
Je nach Proportion von Land- und Wasserteil reicht unter Umständen schon das Beheizen des **Wasserteils** aus, dessen Temperatur knapp unterhalb der Lufttemperatur liegen sollte. Ebenso kann ein **Wasserfall** die Luftfeuchtigkeit erhöhen. Im Handel gibt es auch einigermaßen natürlich wirkende **Wasserfälle** fertig zu kaufen.

Wasserfälle wie dieses Modell von Exoterra erhöhen im Terrarium die Luftfeuchtigkeit und sehen sehr dekorativ aus.

Eine andere Möglichkeit ist das direkte Verdampfen des Wassers mit einem **Mini-Ultraschallnebler**. Mini-Nebler mit einem Durchmesser von 4 cm und einer Höhe von 4-5 cm verdampfen pro Stunde bereits 100-200 ml Wasser. Mit einem speziellen Intervallschalter oder einer einfachen Zeitschaltuhr kann die verdampfte Feuchtigkeitsmenge kontrolliert werden. Da neben dem feinen Wasserdampf regelmäßig auch größere Tropfen in die Luft geschleudert werden, sollte der Nebler mit Spritzschutz oder in einem möglichst großflächigen Gefäß betrieben werden. Fällt der Vorrat an Flüssigkeit unter einen bestimmten Mindeststand, schaltet sich der Nebler automatisch ab. Leider lagert sich an der auswechselbaren Membran gern Kalk ab, sodass die Betriebsdauer in Regionen mit hartem Wasser deutlich kürzer ist als in solchen mit weichem Wasser. Die Betriebsdauer kann durch Verwendung von entionisiertem Wasser verlängert werden, allerdings könnte es bei

HOBBY Mini-Ultraschallvernebler werden mit Spritzschutz geliefert, da neben dem feinen Wasserdampf regelmäßig auch größere Wassertropfen in die Luft geschleudert werden.

Terrarientieren, die ihren Feuchtigkeitsbedarf durch das Auflecken von Tropfen decken, zu Mangelerscheinungen kommen. Hier wäre regelmäßiges Entkalken der Membran in Essig oder einprozentiger Salzsäure (HCl) die Alternative. Nach dem zehnminütigen Einweichen muss die Membran gut abgespült werden.

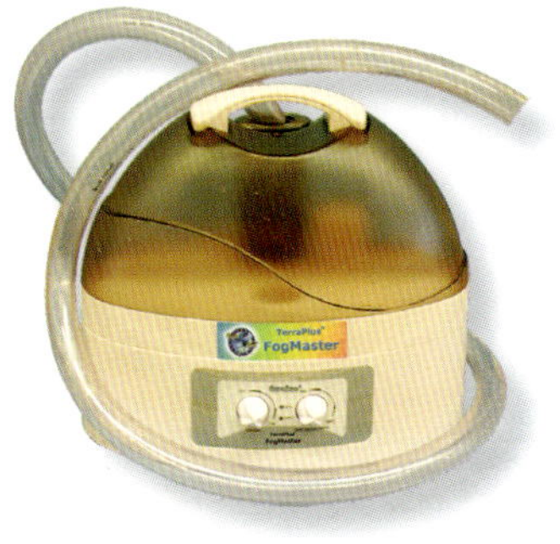

Eurozoo bietet einen Ultraschallbefeuchter mit separater Einstellung der Luftfeuchtigkeit an.

Nach dem gleichen Prinzip funktionieren auch große **Ultraschallnebler**, die außerhalb des Terrariums angebracht werden. Über flexible Schläuche kann der Wasserdampf mehreren Terrarien zugeführt werden.

Für größere Terrarien kommen alternativ **Raumluftbefeuchter**, wie sie beispielsweise für Gewächshäuser angeboten werden, in Frage.

Speziell für die Terraristik entwickelt, sind im Handel inzwischen **Beregnungsanlagen** verschiedener Hersteller verfügbar. Über die kleinen Öffnungen der Düsen wird ein extrem feiner Nebel ein- bis dreimal täglich etwa eine Minute lang versprüht. Er lässt sich über die in unterschiedliche Richtungen drehbaren Düsen optimal steuern

Lucky Reptile hat einen Vernebler mit integriertem Wasserbehälter im Programm.

Namiba Terra hat eine Beregnungsanlage mit fein vernebelnden Düsen herausgebracht.

Regelung der Feuchtigkeit

Zur Aktivierung aller feuchtigkeitserhöhenden Geräte eignen sich **Zeitschaltuhren** mit Sekundenintervallen. Die Feuchtigkeit zu erhöhen, indem per Zeitschaltuhr Befeuchtungssysteme aktiviert werden, stellt für den Terrarianer aber nur eine unbefriedigende und nicht bedarfsgerechte Methode dar. Im Handel gibt es daher spezielle **Feuchtigkeitsregler**. Diese messen mit empfindlichen Fühlern die relative Luftfeuchtigkeit und aktivieren erst bei Unterschreiten der eingestellten Sollwerte angeschlossene Vernebler oder Beregnungsanlagen.

Ein Gerät, das darüber hinaus auch noch Schutz vor Überschwemmungen des Terrariums einerseits und vor dem Trockenlaufen der Pumpen von Beregnungsanlagen andererseits bietet, ist der von Oliver Drewes entwickelte und von Dohse Aquaristik produzierte ClimaControl. Er verfügt über eine Regelleiste mit zwei Steckplätzen. Neben der Feuchtigkeitsregelung kann zusätzlich die Terrarientemperatur mit einem unabhängigen Temperaturfühler gesteuert werden. Alternativ lässt sich auf dem zweiten Steckplatz zeitgesteuert die Beleuchtung mit sekundengenauer Schaltung oder programmierten Intervallen betreiben.

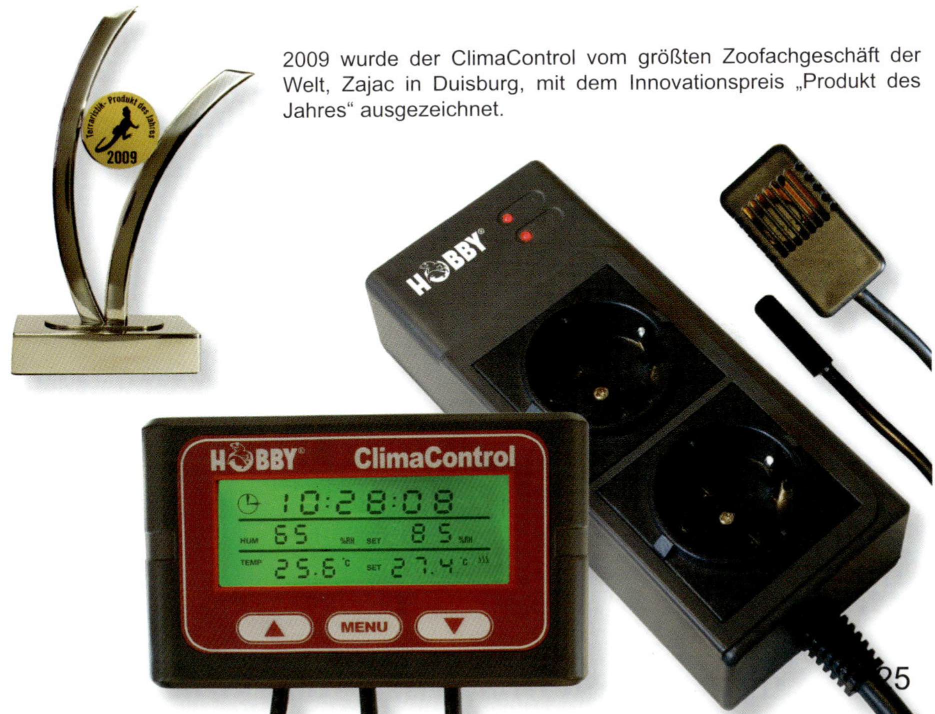

2009 wurde der ClimaControl vom größten Zoofachgeschäft der Welt, Zajac in Duisburg, mit dem Innovationspreis „Produkt des Jahres" ausgezeichnet.

Temperatur

Klimafaktor Temperatur

Die Temperatur stellt in Ihrem Terrarium einen der bedeutendsten Faktoren dar. Wechselwarme Tiere brauchen zur artgerechten Pflege einen ganz spezifischen Temperaturbereich. Nur so können die wichtigsten Körperfunktionen ablaufen. Echsen benötigen im Vergleich zu gleich großen Vögeln etwa nur ein Zehntel des Energiebedarfs. Der Hauptteil der Energie wird bei Vögeln zur Konstanthaltung der Körpertemperatur gebraucht. Echsen heizen sich hingegen in der Sonne auf. Morgens kommen sie aus ihren Verstecken und sonnen sich, bis sie ihre „Betriebstemperatur" erreicht haben. Diese halten sie dann durch den wechselnden Aufenthalt an Sonnen- und Schattenplätzen. Bestimmte Echsenarten sind morgens zum Beispiel sehr dunkel, um mit ihrer Farbe das Sonnenlicht zu absorbieren. Mit steigender Wärme wird ihre Körperfarbe immer heller. Herrschen Maximaltemperaturen, sind die Tiere fast weiß, um das Sonnenlicht zu reflektieren.

Je nach gepflegter Art herrschen im unbeheizten Aquaterrarium Temperaturen von 15-24 °C und im beheizten 24-30 °C. Der Temperaturbedarf ist jedoch bei den einzelnen Arten unterschiedlich. Manche benötigen konstante Temperaturen, andere kurzzeitige Absenkungen der Temperatur in der Nacht und wieder andere sogar langfristige Absenkungen der Temperatur während der Wintermonate.

Im Allgemeinen verweichlichen Terrarientiere bei stets monatsgleichen Temperaturen in der Terrarienhaltung. Maximale Wärme am Tag und entsprechende Absenkung der Temperatur bei Nacht erhalten die Tiere hingegen fit und beugen Erkrankungen wie Lungenentzündungen vor.

Nur wenn alle klimatischen Bedingungen denen des Herkunftsgebiets entsprechen, zeigen Ihre als Heimtiere gehaltenen Terrarientiere auch ihr natürliches, wechselhaftes Verhalten.

Grünen Wasseragamen werden Sonneninseln von etwa 35° C eingerichtet.

Heizsysteme

Für die Beheizung des Terrariums gibt es unterschiedliche Systeme. Wird eine Heizung innerhalb des Terrariums angebracht, empfiehlt es sich, Zuleitungen in Kabelkanälen zu führen. Die Stromkabel sind so vor jeglicher Beschädigung geschützt, und in der Dekoration stören keine frei hängenden Elektrokabel.

Sinnvollerweise beheizt man das Terrarium über die Beleuchtung, wie die Tiere es aus der Natur gewohnt sind. Normale Raumtemperaturen und die Wärme von Leuchtstoffröhren aus Standardterrarien reichen für die meisten Terrarientiere nicht aus. Die gewünschte Temperatur wird über die Wattstärke der Strahler und deren Positionierung gewählt. Licht abgebende Wärmestrahler werden auch **Spotstrahler oder Reflektorlampen** genannt. Sie werden auf den nachfolgenden Seiten im Kapitel zur Beleuchtung beschrieben.

Besonders starke Wärme über das Licht geben **Infrarotstrahler** ab. Sie werden bei tagaktiven Arten ausschließlich zur Erwärmung eingesetzt. Bei nacht- und dämmerungsaktiven Arten kann man in ihrem schwachen Licht die Terrarientiere gut beobachten.

Eine andere Art von Infrarotwärmestrahlern sind **Dunkelstrahler**. Sie bestehen aus Keramik und sind in Stärken von 60 bis 250 Watt erhältlich. Der Wellenbereich ihrer Strahlung liegt außerhalb des sichtbaren Lichts. Dieser Umstand und die extremen Oberflächentemperaturen der Strahler können bei unsachgemäßer Verwendung zu lebensgefährlichen Verbrennungen der Tiere führen. Dennoch sind Dunkelstrahler für viele dämmerungs- oder nachtaktive Arten unverzichtbar. Bei Letzteren scheidet verständlicherweise die Beheizung in Verbindung mit Licht aus. Eine Bodenheizung reicht jedoch nicht immer aus, um die Luft im gesamten Terrarium auf die erforderlichen Werte zu erhitzen.

Grundsätzlich dürfen Dunkelstrahler wegen der hohen Betriebstemperaturen nur in hitzebeständigen Geräten mit E27-Porzellanfassungen betrieben werden. Am sichersten ist der Betrieb außerhalb des Terrariums. Die Strahler sollten nicht zu nah am Glasdeckel befestigt werden. Idealerweise besteht der Deckel des Terrariums aus einer Drahtgaze. Bei tagaktiven, nicht kletternden Arten können Dunkelstrahler im Terrarium auch ohne Schutzkorb betrieben werden. Es empfiehlt sich, einen Spotstrahler auf die von Dunkelstrahlern bestrahlte Fläche zu richten. Bei kletternden, dämmerungs- und nachtaktiven Arten, beispielsweise Geckos, dürfen Dunkelstrahler im Terrarium nur mit Berührungsschutz, etwa einem Drahtkorb oder einer Drahtgaze, betrieben werden. Während des Betriebs ist stets gute Luftzirkulation sicherzustellen. Da die Luft durch den Betrieb der Strahler recht trocken wird, sind gegebenenfalls Maßnahmen zur Erhöhung der Luftfeuchtigkeit zu ergreifen.

Ein je nach Art ergänzendes oder alternatives Beheizungssystem ist die **Bodenheizung**. Zu unterscheiden sind Heizmatten und Heizkabel, die beide nur betrieben werden dürfen, wenn sie mit ausreichend Bodengrund abgedeckt werden. Bodenheizungen werden in Feuchtterrarien eingesetzt, um in Kombination mit feuchtem Bodensubstrat eine höhere Luftfeuchtigkeit zu erzielen. Grundsätzlich ist bei Verwendung einer Bodenheizung den Tieren ein unbeheizter Bereich zu belassen. Besonders grabende Arten sind Wärme von oben gewohnt und erwarten im Boden Abkühlung. Reptilienweibchen vergraben die Eier dort, wo ihnen die Bodentemperatur zusagt. Bei einigen Arten ist die Bodenheizung unerlässlich, da bei reiner Strahlungswärme von oben der Boden kalt bleibt und es zu Legenot kommt. Bei anderen Arten ist es genau umgekehrt: Die Irritation darüber, dass es, je tiefer gegraben wird, immer wärmer wird, führt zu Legenot. Wird, wie angesprochen, darauf geachtet, den Tieren einen unbeheizten Teil zu belassen, können beide Arten einen Bereich finden, der ihnen zusagt.

Heizkabel gibt es in verschiedenen Watt-Stärken und Längen. Der Grad der Erwärmung wird über die Enge der Schlaufen bei der Verlegung geregelt. Das Kabel wird mit Silikon oder Gewebeband direkt von innen auf die Terrarienbodenscheibe geklebt und mit Substrat abgedeckt. An warmen Stellen muss das Kabel entsprechend dichter gelegt werden. Vermeiden Sie beim Verlegen Überkreuzungen des Kabels. Verlegen Sie das Heizkabel immer um Dekorationen wie Steine herum, stellen Sie diese aber nie auf das Kabel. Bei grabenden Arten sollten Heizkabel mit so feinen Plastikgittern vollflächig abgedeckt werden, dass sich die Tiere weder in Kabelschlaufen noch im Schutzgitter verfangen können. Alternativ können Heizkabel auf Styroporunterlagen unter das Terrarium gelegt werden.

Heizmatten werden, um Defekte der elektrischen Anschlüsse durch Feuchtigkeit oder Beschädigungen der Heizdrähte durch grabende Arten zu vermeiden, von außen unter dem Terrarienboden angebracht. Inzwischen gibt es im Handel auch Heizmatten, die statt mit Heizdrähten mit aufgesprühter, leitfähiger Farbe funktionieren. Während bei den herkömmlichen Modellen Heizdrähte brechen konnten, sind diese Modelle viel flexibler. Die meisten Modelle sind selbstklebend. Sie werden unter dem Terrarium befestigt, das auf Abstandhalter gestellt werden muss, um das Glas durch Luftzirkulation vor Bruch durch Überhitzung zu schützen. Zu beachten ist, dass selbstklebende Heizmatten später nicht mehr an einer anderen Stelle angebracht werden können.

Regelung der Temperatur

Nicht nur die Tagestemperatur muss überwacht und geregelt werden, auch die automatische Nachtabsenkung der Temperatur ist bei einigen Arten von sehr großer Bedeutung. Die einfachste Methode, nachts die Temperatur abzusenken, ist, einfach die Heizung nachts abzuschalten. Dazu genügt eine normale Zeitschaltuhr. Über einen Mehrfachstecker kann die Beleuchtung zur gleichen Zeit abgeschaltet werden. Im Handel gibt es Wochen-Zeitschaltuhren, die sich jeden Tag zur gleichen Zeit ein- und ausschalten, und Tages-Zeitschaltuhren, mit denen zum Beispiel samstags oder samstags und sonntags der Tagesrhythmus zur besseren Beobachtung etwas variiert werden kann. Die empfehlenswertere Methode ist es, einen **Temperaturregler mit automatischer Nachtabsenkung** zu verwenden. Temperaturregler schützen das Terrarium vor Überhitzung. Dies kann sowohl bei defekten Heizgeräten, die sich nicht mehr abschalten, als auch im Sommer, wenn durch Sonneneinstrahlung und höhere Lufttemperaturen weniger geheizt werden muss, ausgesprochen wichtig sein. Mittels der Nachtabsenkungsautomatik werden nicht einfach wie bei Zeitschaltuhren alle Heizsysteme komplett abgeschaltet. Stattdessen wird die Temperatur stets um beispielsweise 5 °C oder 10 °C tiefer als am Tag gehalten. Dazu arbeiten Temperaturregler mit Fühlerkabeln. Wenn Sie diese mit einem Thermometer vergleichen wollen, beachten Sie bitte, dass Fühler und Thermometer in Ihrem Terrarium an derselben Stelle angebracht sein sollten. Bedenken Sie außerdem, dass billige Thermometer bis zu 2 °C und mehr vom angezeigten Wert abweichen können. Im Handel gibt es analoge und digitale Temperaturregler. Ein zuverlässiger Temperaturregler aus europäischer Produktion ist der Biotherm 2000. Er regelt beliebig viele Terrarien bis insgesamt 2 000 Watt Schaltleistung. Das Gerät unterscheidet Tag und Nacht mit Hilfe einer Fotozelle und senkt die Temperatur je nach Modell um 5 °C, 8 °C oder 10 °C ab. Im Gegensatz dazu lässt sich der von Oliver Drewes entwickelte und von Dohse Aquaristik produzierte Biotherm pro digital programmieren. Er senkt die Temperatur in der Nacht ganz nach Ihrem Belieben ab. Der Biotherm pro verfügt über eine Regelleiste mit zwei Steckplätzen. Zusätzlich zur ersten Temperaturregelung kann eine zweite, unabhängige Temperaturzone mit dem zweiten Temperaturfühler gesteuert werden. Alternativ lässt sich auf dem zweiten Steckplatz zeitgesteuert die Beleuchtung regeln oder eine angeschlossene Beregnungs- oder Befeuchtungsanlage mit sekundengenauer Schaltung oder programmierten Intervallen betreiben.

Zur Kontrolle der Temperatur im Terrarium sind Thermometer unverzichtbar. Es gibt sie im Handel in unterschiedlichen Preisklassen. Geeignet sind analoge und digitale Thermometer. Thermometer aus Quecksilber sollten im Terrarium, wo Bruchgefahr durch Tiere besteht, nicht eingesetzt werden. Thermometerklebestreifen, wie sie in der Aquaristik zum Feststellen der Wassertemperatur dienen, messen die Lufttemperatur im Terrarium nicht genau genug. Während der Einfahrphase sollte an verschiedenen Stellen im Terrarium zu unterschiedlichen Zeiten die Temperatur gemessen werden, um einen Eindruck von der räumlichen und zeitlichen Temperaturverteilung zu bekommen.

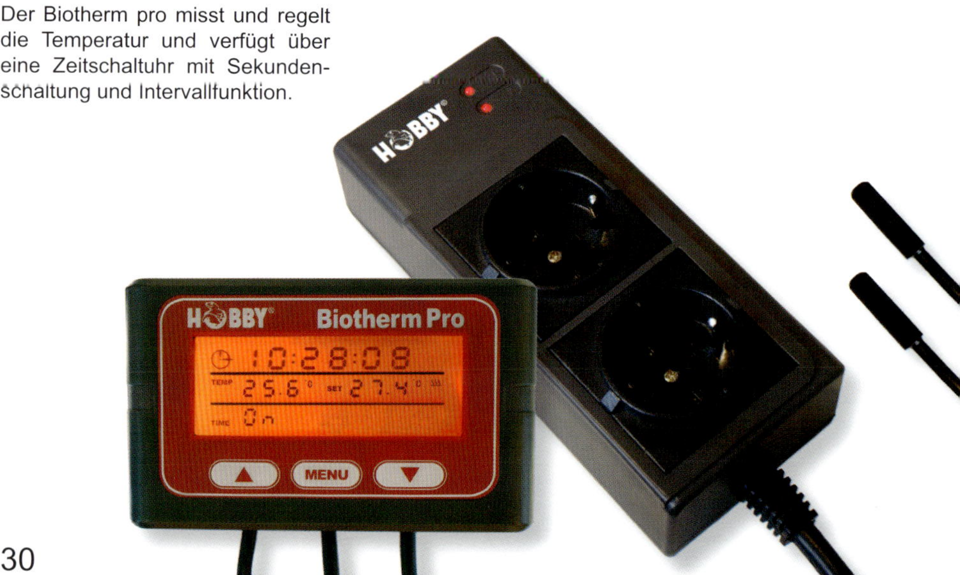

Der Biotherm pro misst und regelt die Temperatur und verfügt über eine Zeitschaltuhr mit Sekundenschaltung und Intervallfunktion.

Terrarientechnik

Elstein-Dunkelstrahler geben Energie nicht als sichtbares Licht, sondern nur als Wärme ab.

Heiß werdende Strahler dürfen nur mit Schutz wie dem Heat Protektor betrieben werden.

Heizkabel werden in Schlaufen verlegt; an warmen Stellen entsprechend enger.

Heizmatten imitieren die reflektierte Sonnenwärme und nachts die gespeicherte Bodenwärme.

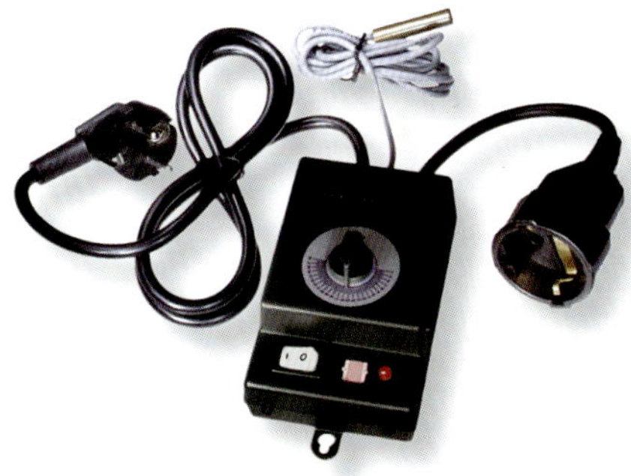

Biotherm Temperaturregler schützen vor Überhitzung und senken nachts die Temperatur ab.

Infrarot-Strahler werden auch für dämmerungs- und nachtaktive Tiere eingesetzt.

Beleuchtung

Klimafaktor Licht

Bei der künstlichen Beleuchtung sind die Lichtzusammensetzung, die Lichtintensität und die Beleuchtungsdauer von Bedeutung. **Licht** ist eine elektromagnetische Schwingung, deren unterschiedliche Wellenlängen vom Auge als unterschiedliche Farben wahrgenommen werden. Wellenlängen werden in Nanometer (nm) gemessen. 1 nm ist ein Milliardstel Meter, also 0,000000001 m lang. Für das menschliche Auge sind Wellenlängen von 380-780 nm sichtbar.

Die **Lichtzusammensetzung** der Terrarienbeleuchtung sollte dem natürlichen Sonnenlicht so nah wie möglich kommen. Ausschlaggebend sind Farbtemperatur sowie Farbwiedergabe. Die Farbtemperatur wird in Kelvin (K) gemessen. Weißes, kaltes Licht mit größeren Grün-, Blau- und Violett-Anteilen hat hohe Kelvin-Werte. Warmes Licht mit mehr orangen und roten Anteilen hat niedrige Kelvin-Werte. Die Werte des Tageslichts liegen zwischen 4 500 und 6 500 Kelvin. Die Farbwiedergabe wird mit dem Ra-Index auf einer Skala von 0-100 gemessen. Je höher der Ra-Wert, desto besser ist die Farbwiedergabe. Beim Kauf von Leuchtmitteln sollten Sie daher besonders auf hohe Ra-Werte achten.

Die Beleuchtung richtet sich in Aquaterrarien nach der Art der gepflegten Tiere. Gedämpftes Licht ergibt sich bei starkem Pflanzenwuchs von selbst. Eher ist ausreichende **Lichtintensität** das größere Problem bei der Beleuchtung. Selbst die stärkste Terrarienbeleuchtung entspricht kaum einer Lux-Zahl, wie sie in der Natur im Schatten unter Bäumen und Sträuchern zu finden ist. So werden in den Tropen 100 000 Lux in der Sonne und 10 000 Lux im Schatten gemessen. Eine 40 Watt-Glühlampe hingegen erreicht in 1 m Entfernung nur 35 Lux. Bei zu geringer Beleuchtung entwickeln die Tiere nicht ihre volle Farbenpracht, und ihre Aktivität ist sehr eingeschränkt. Pflanzen wachsen bei zu wenig Licht schneller, entwickeln sich aber schwächlich und blass. Als Intensität sind im Terrarium 3 000-10 000 Lux erforderlich.

Die genaue Beleuchtungsstärke und die Anzahl der Strahler oder Röhren können nicht pauschal angegeben werden. Sie sind zu sehr abhängig von gepflegter Art, Terrarienstandort, Terrariengröße, Bepflanzung und Dekoration. Durch Reflektoren kann die Lichtausbeute um bis zu

40 % erhöht werden. Die Dekoration muss gleichzeitig aber auch Schattenplätze mit 150-1 000 Lux schaffen. Hohe Aquaterrarien sind am artgerechtesten beleuchtet, wenn die Lichtintensität wie in der Natur oben am stärksten ist und nach unten hin abnimmt. Bei üppiger Bepflanzung stellt sich dieser Effekt automatisch ein. Entscheidend ist es natürlich für den Terrarianer, zu wissen, aus welchen Regionen des Waldes seine gepflegten Tiere kommen, um das Habitat entsprechend zu gestalten.

Eine starke Lichtquelle bringt das Problem der Wärmeabfuhr mit sich. Entsprechende Belüftung über Ventilatoren oder die Verwendung einer Drahtgaze als Terrariendeckel schafft hier Abhilfe. Letzteres ist ideal, da Drahtgazen auch die Anbringung von Strahlern außerhalb des Terrariums erlauben, was bei Glasabdeckungen nicht möglich ist, da Glas sämtliche, für viele Arten lebensnotwendigen UV-Anteile herausfiltert. So können kletternde Tiere die Strahler nicht erreichen und sich nicht verbrennen. Wird keine Drahtgaze als Terrariendeckel benutzt, empfiehlt sich 5-10 cm unter der Lichtquelle das Einkleben von Leisten, auf die ein mit Drahtgaze bespannter Holzrahmen gelegt werden kann. Der Nachteil ist ein Lichtverlust, der durch höhere Strahlerstärken ausgeglichen werden muss. Alternativ kann Glas verwendet werden; dieses filtert jedoch den UV-Anteil des Lichts heraus.

Der tägliche Auf- und Untergang der Sonne kann mit Hilfe von Vorschaltgeräten nachempfunden werden, die das Licht innerhalb von 30 Minuten allmählich auf die maximale Beleuchtungsstärke regeln. Ich selbst schalte mit einer Zeitschaltuhr morgens zunächst zwei schwächere Röhren und 30 Minuten später zwei stärkere Röhren ein und abends umgekehrt wieder aus.

Die **Beleuchtungsdauer** ist für die meisten Echsen mit zwölf Stunden ausreichend bemessen. Bei schwächerer Beleuchtung kann die Dauer um zwei Stunden verlängert werden. Die Beleuchtung muss nicht nur dem Tag-Nacht-Rhythmus, sondern auch dem Sommer-Winter-Rhythmus gerecht werden.

Bei licht- und wärmebedürftigeren Arten, die unten nicht so viele Schattenplätze benötigen, empfiehlt sich außerdem die Installation eines zusätzlichen Strahlers zur Schaffung von **Sonneninseln**.

Leuchtmittel

Die am weitesten verbreiteten Leuchtmittel für Terrarien sind **Leuchtstofflampen**. Überwiegend werden diese in Röhrenform verwendet. Leuchtstofflampen haben eine gute Lichtausbeute, eine lange Lebensdauer und geringen Stromverbrauch. Es werden verschiedene spektrale Zusammensetzungen angeboten, die den Pflanzenwuchs anregen, die Farben der Tiere unterstützen, das Tageslicht möglichst genau abbilden oder über UV-Anteile die Vitamin D_3-Synthese der Reptilien anregen. Passende Reflektoren können einzeln und in unterschiedlichen Längen nachgekauft werden. Leuchtstofflampen gibt es in verschiedenen Längen, Wattstärken sowie Farbzusammensetzungen. Es empfiehlt sich, ein Spektrum zu wählen, das dem des Sonnenlichts ähnelt. Durch die Kombination unterschiedlicher Lampen kann das Spektrum auf die Bedürfnisse von Tieren und Pflanzen abgestimmt werden. Da sie selbst keine Wärme abgeben, sind Leuchtstofflampen ideal für Paludarien und üppig bepflanzte Terrarien bis maximal 70 cm Höhe.

Während Glühlampen nur mit einer Brenndauer von rund 1 000 Stunden aufwarten können, brennen Leuchtstofflampen etwa 12 000 Stunden lang. Allerdings lässt ihre Leistung in dieser Zeit nicht unerheblich nach, ohne dass dies für das menschliche Auge sichtbar ist. Lichtsensible Tiere und besonders Pflanzen nehmen dieses Nachlassen aber sehr wohl wahr. Daher sollten die Leuchtstofflampen im Terrarium nach einer Nutzbrenndauer von 7 500 Stunden ausgewechselt werden, denn dann beträgt der Lichtstromabfall 20 %. Bei einer täglichen Einschaltzeit von zwölf bis 14 Stunden ist diese Nutzbrenndauer im Durchschnitt nach 19 Monaten erreicht. Im Handel werden Leuchtstofflampen mit besonders hohen UV-A- und UV-B-Anteilen angeboten.

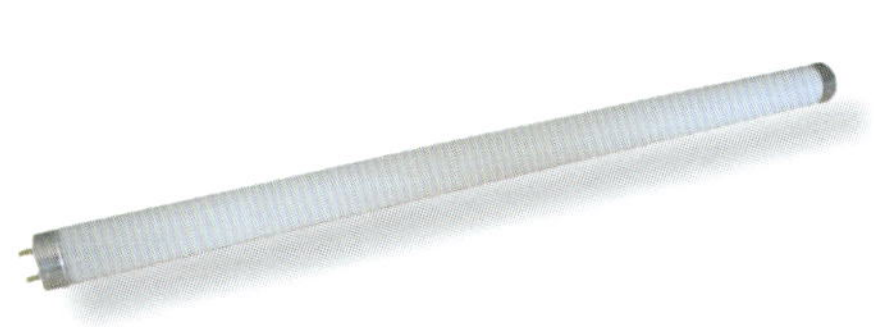

Leuchtstoffröhren dienen der Grundbeleuchtung und werden mit Spot- und UV-B-Strahlern ergänzt.

HQL-Strahler sind auf Grund ihrer Lichtausbeute besonders gut für Aquaterrarien ab 80 cm Höhe geeignet.

Solche Leuchtmittel müssen schon nach sechs Monaten ausgetauscht werden. Unerheblich ist dies bei dämmerungs- und nachtaktiven Tieren, für die sonst auch einfache Röhren, wie sie für Zimmerbeleuchtungen verwendet werden, ausreichen. Diese Arten benötigen Licht nur zur Imitation des Tag-Nacht-Rhythmus.

Die birnenförmigen **Quecksilberdampf-Lampen** (HQL) geben helles, weißes Licht ab und sind auf Grund der hohen Lichtausbeute eher für Aquaterrarien ab einer Höhe von 80 cm geeignet. Im Gegensatz zu Leuchtstofflampen geben Quecksilberdampf-Lampen viel Wärme ab. Daher sind der Betrieb in einer Keramikfassung, die Anbringung außerhalb des Terrariums und ein Mindestabstand zu Tieren und Pflanzen notwendig. Bei 125 Watt-HQL-Strahlern sollten 15-20 cm Abstand für Echsen ausreichen. Von Nachteil ist, dass die Farbwiedergabe nicht sehr gut ist und sich die Farbtemperatur mit 2 900-4 100 Kelvin nicht merklich von Leuchtstofflampen unterscheidet.

Die röhrenförmigen, zweiseitig gesockelten **Halogen-Metalldampf-Lampen** (HQI) geben weniger Wärme ab, zeichnen sich aber durch höhere Lichtausbeute aus und haben ein dem Sonnenlicht sehr ähnliches Lichtspektrum. Sie sind besonders für bepflanzte Terrarien geeignet. Der Vorteil gegenüber Quecksilberdampf-Lampen liegt in höheren Farbtemperaturwerten von 3 000-6 000 Kelvin und sehr guter Farbwiedergabe. Wegen der sehr hohen UV-C-Abgabe müssen HQI-Lampen zum Herausfiltern der Strahlung über dem gläsernen Terrariendeckel oder mit einer Strahlerabdeckscheibe betrieben werden.

Licht abgebende Wärmestrahler wie **Spotstrahler oder Reflektorlampen** erkennt man am versilberten Grund der Lampe. Sie geben zwar auch Licht ab, eignen sich aber weniger zur allgemeinen Terrarienausleuchtung. Allerdings können durch sie für wärmebedürftige Arten besonders intensiv

Neodymiumlampen geben farbverstärkendes Licht in breitem Abstrahlungswinkel ab und sind ideal für stark bepflanzte Terrarien.

Spotstrahler geben Licht und Wärme in einem schmalen Abstrahlungswinkel ab und eignen sich daher ideal für Sonneninseln.

erwärmte „Sonneninseln" geschaffen werden. Für tagaktive Echsen ist dies ideal, da diese Arten Wärme nur in Verbindung mit Licht wahrnehmen. In einem 40 cm hohen Terrarium erwärmen 40 Watt-Strahler in 30 cm Entfernung noch auf etwa 35-45 °C. Kontrollieren Sie die Temperatur mit einem Thermometer. Der Lichtkegel der Strahler sollte nicht direkt auf Pflanzen gerichtet werden, da diese sonst schnell verbrennen.

Kaltlicht-Halogenstrahler werden ergänzend zu anderen Leuchtmitteln als Effektbeleuchtung eingesetzt. Mit ihnen kann eine intensive punktuelle Beleuchtung ohne übermäßige Wärmeentwicklung erzielt werden, da 70 % der Wärme nach hinten statt nach vorn abgestrahlt werden. Werden Kaltlicht-Halogenstrahler statt mit 230 Volt über einen 12 Volt-Trafo betrieben, der sich stark erwärmt, kann dieser als zusätzliche Heizquelle, etwa unter dem Terrarium, genutzt werden.

Zur allgemeinen Beleuchtung sind **Glühlampen** in Terrarien von untergeordneter Bedeutung. Sie haben zwar einen roten Strahlungsanteil, der das Wachstum der Pflanzen durchaus begünstigt, geben das natürliche Farbspektrum aber nur unzureichend wieder. Die Lichtausbeute ist relativ gering, und die Betriebskosten sind, verglichen mit anderen Leuchtmitteln, relativ hoch. Glühlampen sind ausreichend für Futtertiere. Für dämmerungs- und nachtaktive Tiere werden rote und blaue Glühlampen angeboten.

Grundsätzlich den Glühlampen vorzuziehen sind **Energiesparlampen**. Diese können sehr gut in kleinen Terrarien, in die eine Leuchtröhre passt, eingesetzt werden.

Literaturtipp: HORN, H.-G. et al. (2004): Vivarienbeleuchtung. Das richtige Licht in Aquarium und Terrarium. Edition Chimaira, Frankfurt am Main.

Halogenstrahler geben mehr Licht und Wärme ab und halten länger als herkömmliche Strahler.

Auch für nachtaktive Tiere, die Beleuchtung nur zur Simulierung des Tag-Nacht-Wechsels benötigen, reichen Energiesparlampen völlig aus.

UV-B-Leuchtmittel

Bei tagaktiven Echsen ist die UV-B-Strahlung für den Kalziumhaushalt entscheidend. Die von Leuchtstoffröhren abgegebene UV-B-Emission reicht zur Vitamin D_3-Synthese nicht aus. Nur mittels spezifischer UV-Strahler kann in der Haut der Echsen das Vitamin D_3 ausreichend gebildet werden, ohne das mit der Nahrung aufgenommenes Kalzium nicht verarbeitet werden kann. Ohne Kalzium bleiben die Knochen weich und es kommt zu Verkrüppelungen (Rachitis) bis hin zum Tod. Die durch Vitamin D_3-Mangel bedingte Störung des Kalzium-Phosphor-Haushaltes wirkt sich nicht nur auf die Knochen, sondern auch auf die Muskeln aus (rachitische Muskelschwäche). Alternativ zur Bestrahlung kann die Vitamin D_3-Versorgung auch über Ergänzungsfuttermittel sichergestellt werden.

UV-B-Strahler mit klarem Glas weisen sehr hohe UV-B-Werte auf, die allerdings nur in einem ganz schmalen Winkel abgegeben werden. Die UV-B-Abgabe rechts und links vom Beamspot fällt extrem ab.

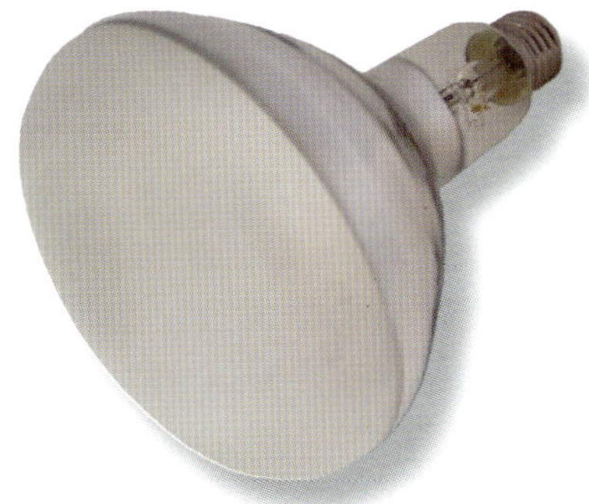

UV-B-Strahler mit gefrostetem Glas weisen niedrigere UV-B-Werte auf, verteilen diese aber in viel breiterem Abstrahlungswinkel und versorgen die Tiere dadurch besser.

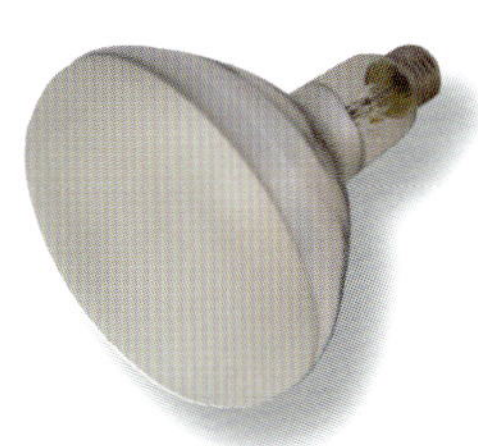

Mit der *Reptile vital Mini* bietet die Marke HOBBY eine 100 Watt UV-B-Lampe mit kleinerer Bauform als herkömmliche 160 Watt Versionen.

Für niedrige Terrarien oder geringen Bestrahlungsabstand zum Tier sind auch UV-B-Kompaktlampen eine Alternative.

Chinesische Rotbauchunken werden im Aquaterrarium mit 3/4 großem Wasserteil gepflegt.

TERRARIENTIERE IM PORTRÄT

Erläuterung der Porträts

Nachfolgend wird eine Auswahl der am häufigsten im Aquaterrarium gehaltenen Terrarientiere vorgestellt. Dem (angehenden) Terrarianer soll dadurch ein Überblick verschafft und die Entscheidung zur Pflege einer bestimmten Art erleichtert werden.

Andere(r) Name(n): Nennung ehemals wissenschaftlich gültiger Bezeichnungen, die mit anderer systematischer Zuordnung durch neue Erkenntnisse der Zoologen verworfen wurden, oder synonyme deutsche Bezeichnung.

Familie: Nennung der taxonomischen Zuordnung.

Herkunft: Angabe, wo die beschriebene Art ihr natürliches Verbreitungsgebiet hat.

Größe: Genannt werden die Gesamtlänge und die Kopf-Rumpf-Länge, bei letzterer also das Maß vom Anfang der Schnauze bis zum Kloakenspalt.

Beschreibung: Auflistung typischer Erkennungsmerkmale einer Art.

Aktivitätszeit: Angabe, wann die Tiere aktiv und so am besten zu beobachten sind.

Lebensweise: Information, ob die Art in der Natur boden-, busch-, felsoder baumbewohnend ist.

Verhalten: Beschreibung des Verhaltens der Tiere in ihrem natürlichen Lebensraum und im Terrarium.

Zusammensetzung: Die Hinweise sind wie folgt zu verstehen: 1,0 oder 0,1 bedeutet, dass Männchen beziehungsweise Weibchen einzeln zu halten sind. 1,1 signalisiert, dass die Tiere paarweise gepflegt werden müssen. 1,X bedeutet, dass mit einem Männchen mehrere Weibchen gehalten werden können. X,X verrät Ihnen, dass mehrere Männchen mit mehreren Weibchen gehalten werden können, was selten und nur bei aggressionslosen Arten der Fall ist.

Geschlechtsunterscheidung: Hinweise auf Merkmale zur Unterscheidung der Geschlechter bei erwachsenen Tieren.

Nahrung: Auflistung üblicher Futterarten.

Terrarium: Angaben zur Größe des Terrariums. Diese sind angelehnt an die gesetzlichen Mindestanforderungen an die Haltung von Terrarientieren, wurden aber im Zweifelsfall zu Gunsten der Art nach oben verändert. Soweit vom Standard abweichend, Hinweise zur Einrichtung.

Temperatur: Temperaturempfehlungen für Tag, Nacht, Wasserteile und

Sonneninseln.

Luftfeuchtigkeit: Angabe der optimalen Luftfeuchtigkeit am Tag und in der Nacht. Wichtig für die problemlose Häutung.

Beleuchtung: Angaben zu Beleuchtungszeiten und Hinweis auf die Notwendigkeit von UV-Bestrahlung.

Winterruhe: Beschreibung von Dauer und Temperatur der winterlichen Ruhezeiten. Oft Voraussetzung für die erfolgreiche Zucht.

Fortpflanzung: Informationen zu Eiablage, Gelegegröße sowie Inkubation der Eier.

Bemerkung: Hier werden Eigenheiten der Art oder über die übliche Porträtierung hinausgehende Informationen genannt.

Eignung: Unter Eignung werden Schwierigkeitsgrad und besondere Ansprüche an die Terrariengröße, Erfahrung des Pflegers et cetera hervorgehoben.

Klimagraphiken: Sie beziehen sich repräsentativ auf Werte einer einzelnen Klimastation innerhalb des Verbreitungsgebietes basierend auf den Veröffentlichungen von MÜLLER (1996) im Handbuch ausgewählter Klimastationen der Erde. Zu beachten ist, dass die klimatischen Bedingungen vor allem bei Arten mit großen Verbreitungsgebieten, je nach Standort sehr unterschiedlich sein und von den hier dargestellten Klimadaten mehr oder weniger stark abweichen können. Die Auswahl der Stationen erfolgte nach Informationen des Großhandels über die Fanggebiete der importierten Arten, Standortbenennungen aus Primärquellen oder repräsentativer Erachtung. Insofern sind die Angaben als grundlegende Informationen zum jährlichen Klimaverlauf zu verstehen. Mitunter weichen Angaben auch von anderer Literatur ab. Inwieweit Winterruhe positiv die Fortpflanzung stimulieren könnte, bleibt dabei unberücksichtigt. Dass ein Terrarium zur Thermoregulierung der Arten unterschiedliche Temperaturbereiche und wärmere Sonneninseln aufweisen sollte, ist selbstverständlich.

Die jeweils obere Klimagrafik des Artenporträts zeigt die Bandbreite der durchschnittlichen minimalen und maximalen Temperaturen im Monatsverlauf, die während des jeweiligen Monats tiefsten und höchsten gemessenen Einzeltemperaturwerte und die monatsdurchschnittlichen Temperaturen. Die Monatsangaben der Temperaturen ergeben sich aus dem errechneten Monatsdurchschnitt der summierten Tagesdurchschnittstemperaturen. Wissenswert ist, dass in den meisten Ländern der Tagesdurchschnitt aus vier Werten berechnet wird, nämlich der Messung um 7.00, um 14.00 und zwei Mal des Wertes um 21.00 Uhr. Die Summe dieser Werte wird durch die Anzahl der Messwerte, also durch 4 geteilt. Die so gewonnenen Tagesdurchschnittstemperaturen kommen nach MÜLLER (1996) den wahren Tagesdurchschnittstemperaturen am nächsten. Andere Länder, wie die USA oder Marokko, berechnen die Tagesdurchschnittstemperaturen aus der Summe des Tageshöchst- und Tagestiefstwertes, geteilt durch 2.

Die jeweils untere Klimagrafik zeigt jeweils die monatsdurchschnittlichen Werte für Niederschläge in mm sowie die relative Luftfeuchtigkeit in %. Auch diese Monatsdurchschnittswerte ergeben sich aus den jeweiligen Durchschnittswerten der Tagesdurchschnittswerte. Hier sollte man wissen, dass die Niederschlagswerte auf ausführlichen Messreihen basieren und sehr zuverlässig sind. Bei den Luftfeuchtigkeitswerten besteht eine gewisse Ungenauigkeit, da die Klimastationen nicht einheitlich messen bzw. keine Angaben zu den Messungen machen. Einige Stationen messen lediglich morgens, andere bilden Durchschnittswerte der Morgen- und Mittagsmessungen, wieder andere bilden Durchschnittswerte der Morgen-, Mittags- und Abendmessungen.

Nachfolgende Skizze zeigt die Standorte der in den Porträts erwähnten Klimastationen.

Klimastationen in alphabetischer Reihenfolge: Daru, Papua-Neuguinea = 11, Hanoi, Vietnam = 8, Jacksonville (Florida), USA = 4, Kunming, China = 7, Managua, Nicaragua = 2, Nanning, China = 9, Pusan, Südkorea = 8, Rabat, Marokko = 5, Talolanaro, Madagaskar = 6, Townsville, Australien = 12, Vicksburg (Mississippi), USA = 3, Walla Walla (Washington), USA = 1

Australische Wasseragame

Physignathus lesueurii

(GRAY, 1831)

Anderer Name: Gewöhnliche Wasseragame.

Familie: *Agamidae* (Agamen).

Herkunft: Neuguinea, Ostküste Australiens.

Größe: Gesamtlänge 100 cm, Kopf-Rumpf-Länge 35 cm.

Beschreibung: Die Art ist *Physignathus cocincinus* sehr ähnlich, der Rückenkamm ist jedoch kürzer. Auf heller bis dunkler, grauer bis brauner Grundfarbe finden sich dunkle Querbänder. Vom Auge bis zum Nacken trägt die Art ein schwarzes Band. Ihre Unterseite ist gelblich, beige oder rötlich gefärbt. Die Gliedmaßen sind dunkler und ohne Querbänderung. Dabei sind die vorderen weniger kräftig als die hinteren, auf denen die Australische Wasseragame aufrecht die Flucht antritt. An allen Gliedmaßen befinden sich kräftig entwickelte Zehen und Krallen.

Aktivitätszeit: Tagaktiv.

Lebensweise: Baumbewohnend.

Verhalten: Wasseragamen sind gute Schwimmer, die auf der Flucht ins Wasser abtauchen, wo sie über eine Stunde unter Wasser bleiben können. Abgegrenzte Reviere verteidigen Wasseragamen gegenüber Artgenossen zunächst durch Drohgebärden, indem sie den Kehlsack aufblasen, heftig mit dem Kopf nicken und die Vorderbeine kreisend auf und ab bewegen.

Zusammensetzung: 1,1 / 1,X.

Geschlechtsunterscheidung: Die Männchen sind größer und kräftiger. Ausgewachsene Weibchen sind kleiner, schwächer gemustert und haben einen niedrigeren Kamm.

Nahrung: Jeden zweiten Tag werden Insekten, Würmer, Fische und Kleinsäuger gefüttert. Auch Fruchtstückchen werden von der Grünen Wasseragame angenommen.

Terrarium: Das beheizte Wasserbekken des Aquaterrariums sollte 20-25 cm tief sein und die Hälfte des Terrariums ausmachen. Da die Tiere dieses Wasser sowohl trinken als auch darin koten, sind entsprechend häufiger Wasserwechsel und eine gute Filterung nötig. Die Dekoration mit Treppen oder ins Wasser hängenden Wurzeln erleichtert dem Tier das Verlassen des Wassers. Die Hälfte der Kletteräste sollte dicker sein als der Körper. Das Substrat aus Lauberde sollte leicht feucht gehalten werden. Die Terrariengröße sollte für die Haltung eines Paares auf die Kopf-Rumpf-Länge bezogen im Verhältnis (Länge x Tiefe x Höhe): 8 x 4 x 8 bemessen sein. Bei

Haltung von mehr als einem Weibchen werden pro zusätzlichem Tier 15 % der Grundfläche hinzugerechnet.

Temperatur: 25-28 °C, nachts etwa 20-22 °C, Sonneninseln bis 35 °C, Wasser etwa 25 °C.

Luftfeuchtigkeit: 80-90 %.

Beleuchtung: 12-14 Stunden. UV-Bestrahlung ist erforderlich.

Winterruhe: Tiere aus dem Lebensraum südlich von Sydney halten eine mehrmonatige Winterruhe. Im Terrarium scheint sich eine mehrwöchige Winterruhe bei Tagestemperaturen von zirka 20 °C mit 5-8 °C Nachtabsenkung positiv auf die Fortpflanzung auszuwirken.

Fortpflanzung: Das Weibchen legt nach der Paarung bis zu 20 Eier in eine etwa 20 cm tiefe Grube. Im Inkubator schlüpfen die Jungen bei 28-30 °C nach 90 bis 100 Tagen. Die Aufzucht der Jungen erfolgt einzeln, um Verletzungen durch gegenseitiges Schnappen zu vermeiden.

Bemerkung: Südlich des Verbreitungsgebietes der Nominatform *Physignathus lesueurii lesueurii* findet man die weitere Unterart *Physignathus lesueurii howitti.*

Eignung: Mit Vorkenntnissen zu pflegen.

Die Australische Wasseragame trägt auf graubrauner Grundfarbe dunkle Querbänder.

Klimastation Townsville, Australien *

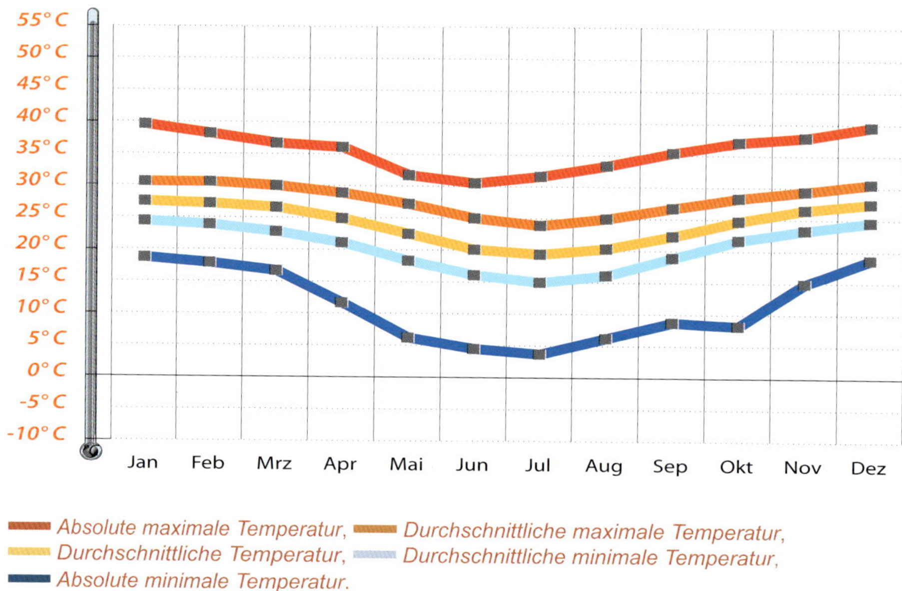

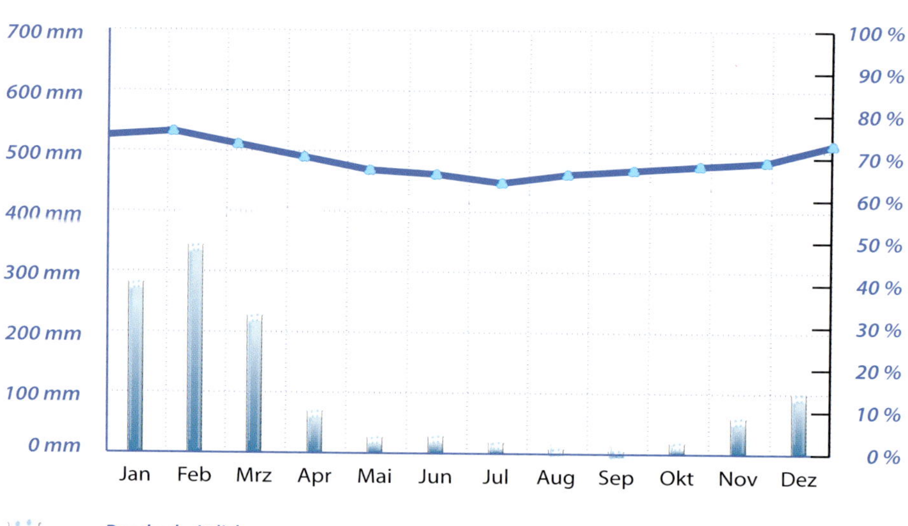

* Quelle: Verändert nach MÜLLER, M. (1996): Handbuch ausgewählter Klimastationen der Erde. Universität Trier, Forschungsstelle Bodenerosion.

Australischer Korallenfinger-Laubfrosch

Agalychnis callidryas

(WHITE, 1790)

Anderer Name: Riesenlaubfrosch. Wissenschaftlich wurde die Art früher als *Litoria caerulea* bezeichnet.
Familie: *Hylidae* (Laubfrösche).
Herkunft: Regenwälder Australiens und des südlichen Papua-Neuguinea.
Größe: Kopf-Rumpf-Länge bis 10 cm.
Beschreibung: Die Farbe schwankt je nach Stimmung zwischen lindgrün und hellbraun. Auf dem Rücken sind vereinzelt kleine weiße und gelbe Flecke erkennbar. Der Bauch ist hell und die Haut sehr glatt. Breit und äußerst kurz ist der Kopf. Die nach oben gezogenen Mundwinkel verleihen dem Frosch zusammen mit seinen großen, leicht hervortretenden Augen ein gutmütiges Aussehen. Die Hautfalten über den Augen sehen bei adulten Tieren wie eine Speckfalte aus. Finger und Zehen tragen große Haftscheiben, mit deren Hilfe der Frosch sich trotz seiner Größe auf glatten wie rauen Oberflächen gut festhalten kann.
Verhalten: Der Australische Korallenfinger-Laubfrosch ist dämmerungs- und nachtaktiv. Tagsüber schläft er an schattigen Plätzen. Er klettert zwar gut, hält sich jedoch zumeist am Boden auf. Die Art quakt mit kräftiger, tiefer Stimme, in der Paarungszeit bis zur Unerträglichkeit.
Zusammensetzung: Die Art ist untereinander gut verträglich, solange die Größe nicht zu unterschiedlich ist.
Geschlechtsunterscheidung: Männchen haben eine Schallblase, die als Falte an der dunklen Kehle erkennbar ist. Zudem sind die Kehlen bei den Männchen gelblich und bei den Weibchen weißlich. Beide Geschlechter geben Laute von sich, so dass dies kein Unterscheidungskriterium ist.
Nahrung: Erwachsene Tiere werden alle vier bis sechs Tage mit Heimchen, Heuschrecken, Würmern oder nestjungen Mäusen gefüttert. Die Tiere sind nimmersatt und verfetten schnell. Nach Eingewöhnung nehmen sie Nahrung auch tagsüber und aus der Hand an.
Terrarium: Das Aquaterrarium sollte mit einem ein Drittel großen, 20 cm tiefen Wasserteil ausgestattet werden. Es empfiehlt sich auf einer Drainageschicht aus Blähton ein Substrat aus Torf. Dieses kann mit Laub abgedeckt werden. Das Terrarium sollte mit großblättrigen, stabilen Pflanzen, Kletterästen und einer Korkröhre als Versteckmöglichkeit dekoriert werden. Die Tiere sind vor Zugluft und Sonne zu schützen. Da die Art stark kotet, muss die Dekoration so gewählt sein, dass sie schnell und leicht zu reinigen ist. Die

Terrariengröße sollte für die Haltung eines Paares auf die Gesamtlänge bezogen im Verhältnis (Länge x Breite x Höhe): 5 x 5 x 6 bemessen sein.
Temperatur: 23-28 °C, nachts 20 °C, Wassertemperatur 25 °C.
Luftfeuchtigkeit: 60-70 %.
Beleuchtung: 10-12 Stunden.
Fortpflanzung: Füttern Sie zwischen Januar und März deutlich weniger und halten Sie das Terrarium trockener. Zur Simulierung der Regenzeit und Stimulation der Fortpflanzung erhöhen Sie danach die Luftfeuchtigkeit auf 80-100 %. Sorgen Sie für warme Beregnung. Auch der Landteil sollte leicht mit Wasser bedeckt sein. Das Weibchen laicht bis zu 2 000 Eier ab, die zu 100-200 in kleinen Ballen zusammengeklebt sind. Die Larven schwimmen bei 25 °C Wassertemperatur bereits nach fünf bis sechs Tagen umher.
Bemerkung: Diese Art ist so ortstreu, dass sie sogar auf der freien Blumenfensterbank gehalten werden könnte.
Eignung: Auch für wenig erfahrene Terrarianer geeignet.

Die leicht hervortretenden Augen verleihen dem Australischen Korallenfinger-Laubfrosch zusammen mit seinen nach oben gezogenen Mundwinkeln ein gutmütiges Aussehen.

Klimastation Daru, Papua-Neuguinea *

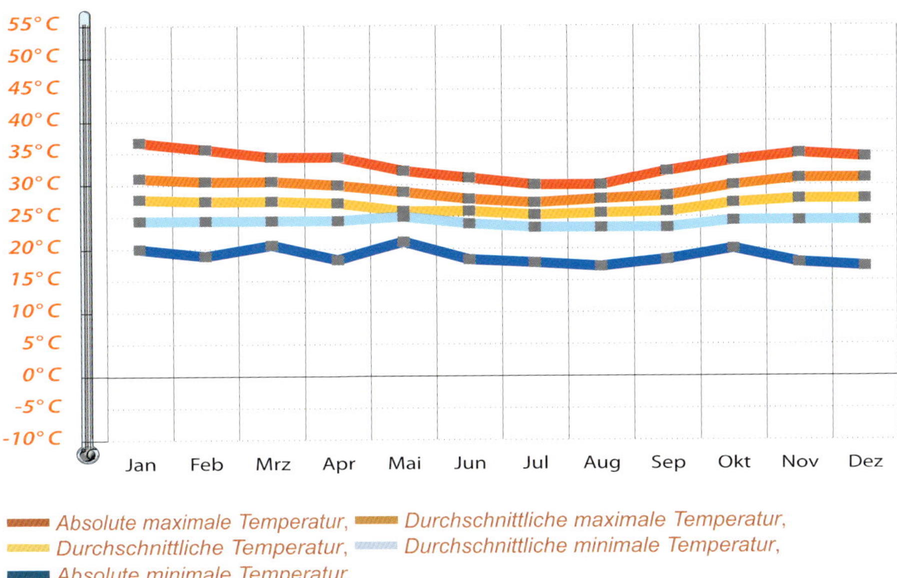

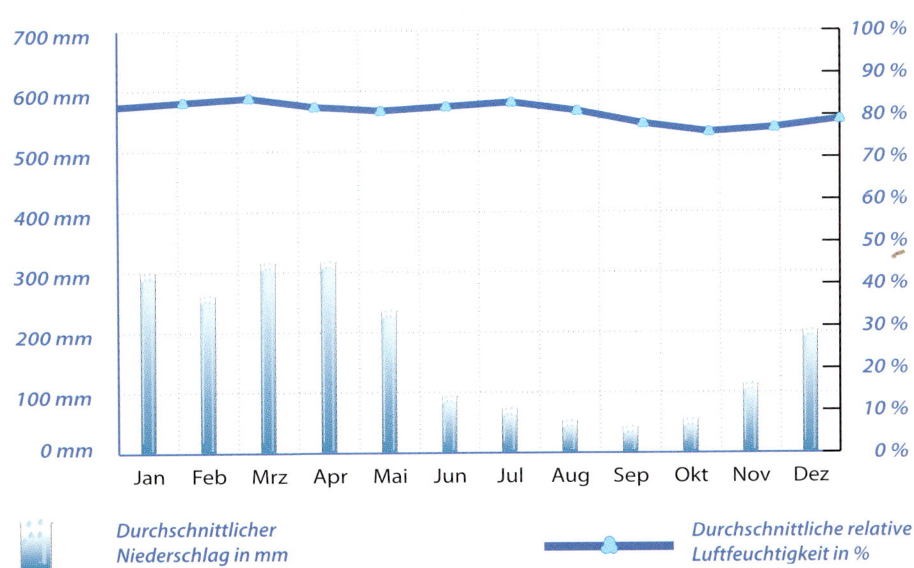

* Quelle: Müller, M. (1996): Handbuch ausgewählter Klimastationen der Erde. Universität Trier, Forschungsstelle Bodenerosion.

Chinesische Dreikielschildkröte

Chinemys reevesii
(Gray, 1831)

Familie: *Bataguridae* (Sumpfschildkröten der Alten Welt).

Herkunft: Dicht bewachsene Gewässer, Reisfelder und ruhige Flussabschnitte in Mittelchina, Japan und auf den Philippinen.

Größe: Panzerlänge bis 17 cm.

Beschreibung: Die Haut der Art ist graugrün und am Hals mit hellen Linien versehen. Bei beiden Geschlechtern ist der Bauchpanzer gelb und dunkel gefleckt. Die Nahtstellen zwischen den Panzerplatten sind hell, die Panzerplatten der Weibchen sind heller.

Verhalten: Aquatile Art, die regelmäßig den Landteil aufsucht, um sich zu trocknen oder zu sonnen. Bei Freilandhaltung vergräbt sich die Art zeitweise im Landteil. Die Tiere werden schnell zutraulich und vor allem nicht zu groß.

Zusammensetzung: 1,1 / 1,X.

Geschlechtsunterscheidung: Die Männchen bleiben rund ein Drittel kleiner, sind dunkler und können mit zunehmendem Alter fast schwarz werden. Ihr Schwanz ist länger und an der Basis dicker. Der Bauchpanzer weist eine leicht konkave Form auf.

Nahrung: Die Art ernährt sich karnivor. Genommen werden auch kleine Fische und Fischstücke sowie Krebstiere. Gerne werden Agar- und Gelatinefutter gefressen.

Terrarium: Während der Sommermonate ist Freilandhaltung möglich. Im Aquaterrarium sollte der Landteil etwa ein Drittel der Größe ausmachen. Wegen der schnellen Verschmutzung muss das Wasser regelmäßig gereinigt werden. Der Wasserstand sollte dem Zweifachen, die Terrarienlänge dem Fünffachen der Panzerlänge entsprechen. Die Breite sollte die Hälfte der Terrarienlänge betragen.

Temperatur: Luft- und Wassertemperatur 25 °C, nachts 20 °C, Sonneninseln 30 °C.

Luftfeuchtigkeit: 70-80 %.

Beleuchtung: Bis zu zwölf Stunden. UV-Bestrahlung ist erforderlich.

Winterruhe: Senken Sie über zehn Wochen hinweg die Temperatur auf zirka 15 °C ab. Die Überwinterung erfolgt im Wasser oder in einer Kiste mit feuchtem Laub oder Moos.

Fortpflanzung: Das Weibchen vergräbt bis zu sechs Eier. Bei 25-28 °C und 90-100 % Luftfeuchtigkeit schlüpfen die Jungen nach 45 bis 85 Tagen.

Bemerkung: Diese Art ist eine gute Alternative zur Haltung der Rot- oder Gelbwangen-Schmuckschildkröten.

Eignung: Auch für wenig erfahrene Terrarianer geeignet.

Auf dem Panzer befinden sich längs drei lange Kiele, denen die Art ihren deutschen Namen Dreikielschildkröte verdankt.

Eine Gruppenhaltung mit mehreren Weibchen ist gut möglich, allerdings sollte die Verträglichkeit unter Aufsicht getestet werden.

Klimastation Nanning, China *

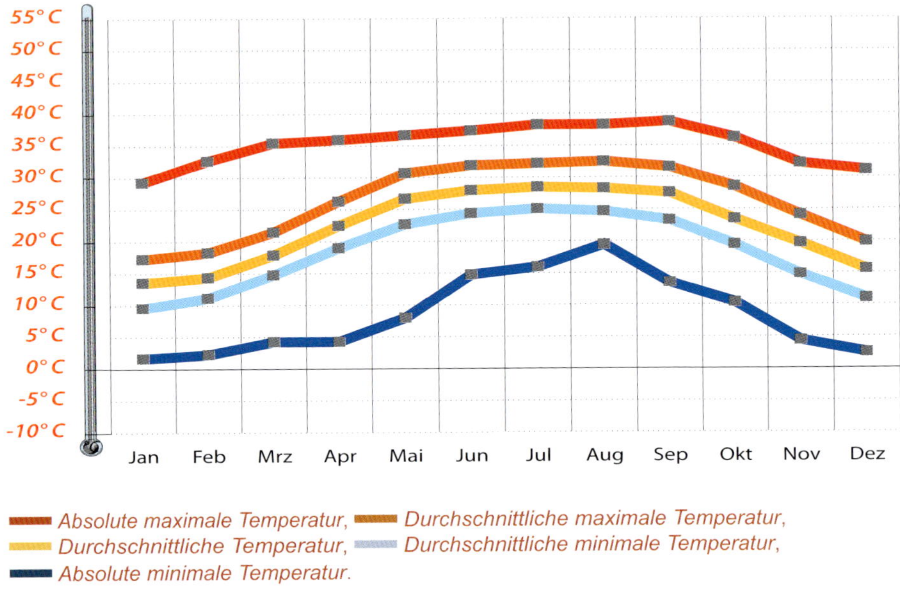

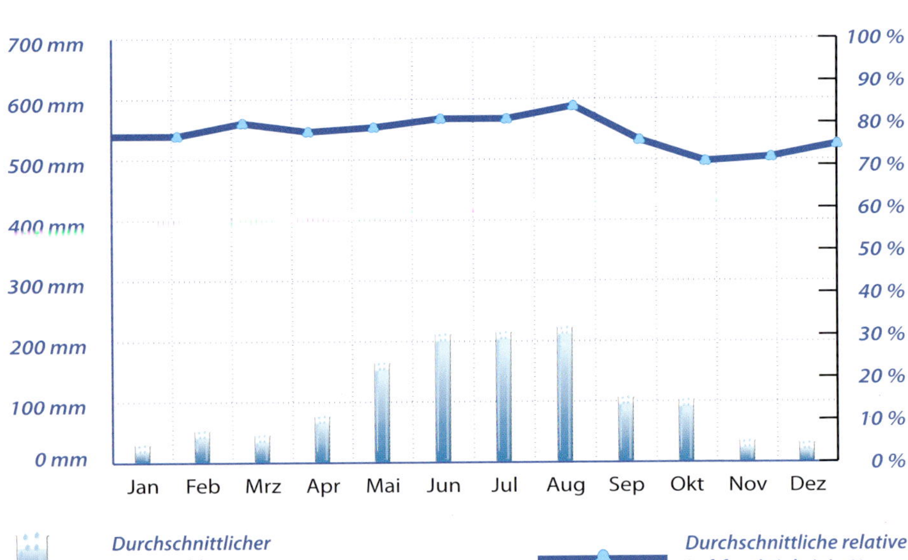

* Quelle: Verändert nach MÜLLER, M. (1996): Handbuch ausgewählter Klimastationen der Erde. Universität Trier, Forschungsstelle Bodenerosion.

Chinesische Rotbauchunke

Bombina orientalis
(Boulenger, 1890)

Familie: *Bombinatoridae* (Unken).
Herkunft: Nordost-China bis Korea.
Größe: Kopf-Rumpf-Länge bis 6 cm.
Beschreibung: Die Oberseite ist grün, zuweilen auch bräunlich gefärbt und schwarz gefleckt. Die Unterseite ist rot mit schwarzen Flecken. Der Kopf ist kurz, das Maul abgerundet, und die Augen stehen deutlich hervor. Die Spitzen der Gliedmaßen sind rot. Zwischen den Zehen befinden sich große Schwimmhäute.
Verhalten: Chinesische Rotbauchunken halten sich während der Fortpflanzungszeit an stehenden Gewässern, Flussläufen und in Reisfeldern auf. Ansonsten finden sie sich in etwas schneller fließenden Bächen. Bei Gefahr strecken die Tiere, wie für Unken typisch, blitzschnell ihre Beine nach oben, so dass auch die Bauchseite sichtbar wird. Durch das Zeigen der signalfarbenen Unterseite versuchen sie, Fressfeinde abzuschrecken. Zusätzlich sondern sie über Hautdrüsen ein giftiges, schleimhautreizendes Sekret ab. Bei scheuen Exemplaren lässt sich der Unkenreflex leicht durch Streichen über den Rücken auslösen.
Zusammensetzung: Wegen Futterneid und Gefräßigkeit nicht zu viele Tiere zusammen halten.
Geschlechtsunterscheidung: Eine Unterscheidung der Geschlechter ist nur zur Paarungszeit möglich. Die Männchen haben an den Innenseiten der Vordergliedmaßen Brunstschwielen und machen sich durch kräftige Laute bemerkbar. Die Weibchen werden deutlich größer als die Männchen.
Nahrung: Trotz ihrer Gier sollten die Tiere nur alle zwei bis drei Tage gefüttert werden. Dazu eignen sich Fliegen, Grillen, Heuschrecken, Würmer und Nacktschnecken. Bei Haltung mehrerer Tiere das Futter an verschiedenen Stellen gleichzeitig verabreichen.
Terrarium: Der drei Viertel große Wasserteil im Aquaterrarium sollte mindestens 5-10 cm tief sein und mit flach auslaufenden Ufern gestaltet werden. Als Terrariengröße sind 60 x 40 x 40 cm, bei Haltung von sechs bis acht Tieren 90 x 40 x 40 cm ausreichend.
Temperatur: 18-25 °C, nachts 13-20 °C, im Wasser 16-23 °C.
Luftfeuchtigkeit: 60-70 %.
Beleuchtung: 10-12 Stunden. Gerne wird das Licht eines Spotstrahlers zum Sonnen aufgesucht.
Winterruhe: Senken Sie drei bis vier Monate lang die Temperatur auf 7-10 °C. Zur Zucht ist die Überwinterung gut ernährter Tiere bei 3-5 °C nötig, da

Spermien und Eizellen nur während einer kalten Ruhephase gebildet werden können. Die Überwinterung erfolgt je nach Möglichkeit bei 5 °C im Terrarium mit abgesenktem Wasserstand oder in Plastikdosen im Kühlschrank, die mit saugfähigem Material ausgekleidet und mit Drahtgaze abgedeckt werden.

Fortpflanzung: Die Männchen klammern sich nach der Winterruhe tagelang an die Weibchen und besamen die bis zu 100 Eier direkt beim Ablaichen. Die Weibchen kleben die Eier einzeln oder zu mehreren an Wasserpflanzen fest. Bei 22-24 °C schlüpfen die Jungen nach vier bis sechs Wochen, bei 18-20 °C erst nach etwa zwölf Wochen.

Bemerkung: Mangelerscheinungen, erkennbar an gelblichem statt rötlichem Bauch, können – sofern es sich nicht um Verbastardisierung mit *Bombina variegata* handelt – durch Verfütterung zum Beispiel von Bachflohkrebsen mit ihrem hohen Karotinanteil oder durch Zugabe von roten Pigmentfarbstoffen wie Canthaxanthin behoben werden.

Eignung: Auch für wenig erfahrene Terrarianer geeignet. Relativ leicht zu züchten.

Chinesische Rotbauchunken sind tag-, hauptsächlich aber dämmerungs- und nachtaktiv.

Klimastation Pusan, Südkorea *

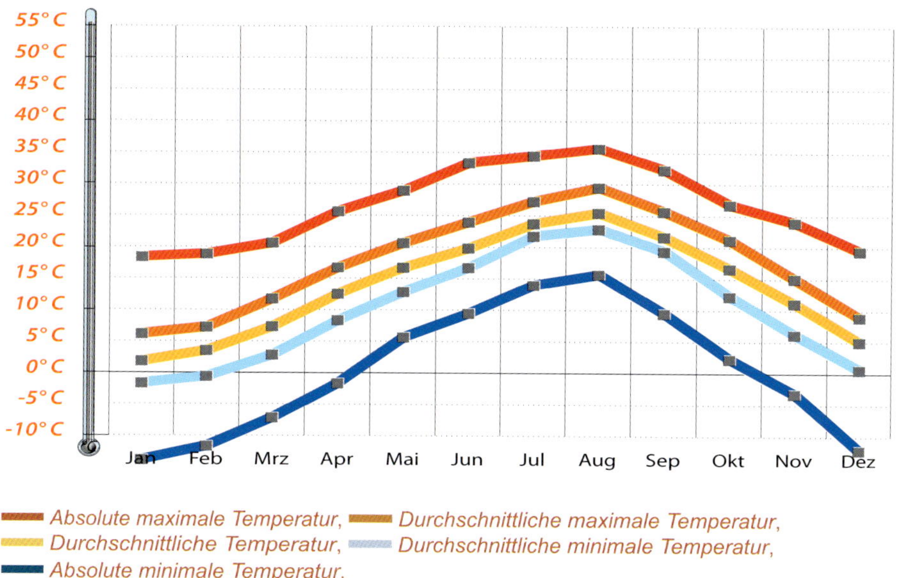

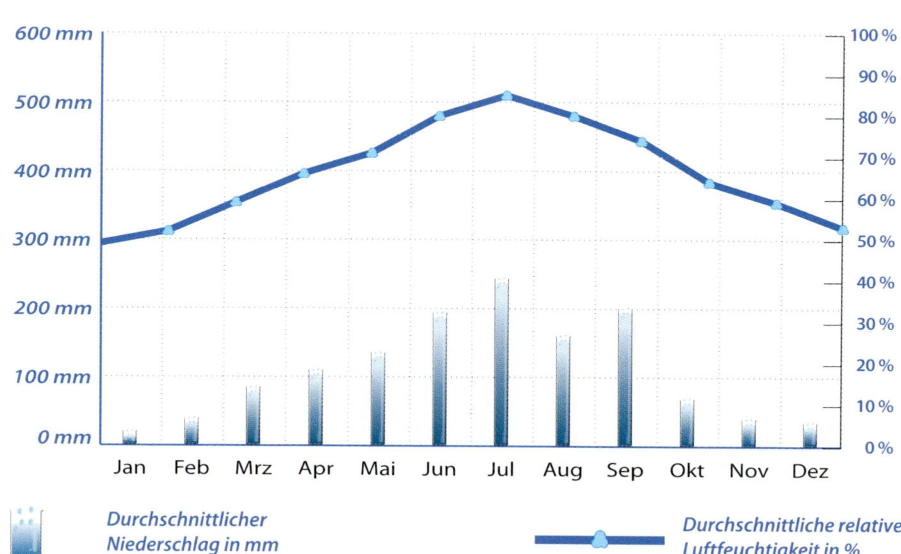

* Quelle: Müller, M. (1996): Handbuch ausgewählter Klimastationen der Erde. Universität Trier, Forschungsstelle Bodenerosion.

Chinesischer Feuerbauchmolch

Cynops orientalis

(DAVID, 1871)

Anderer Name: Chinesischer Zwergmolch.

Familie: *Salamandridae* (Echte Salamander und Molche).

Herkunft: Mittel- bis Südostchina.

Größe: Gesamtlänge bis 9 cm, Kopf-Rumpf-Länge zirka 4 cm.

Beschreibung: Die Oberseite ist fast völlig schwarz, der Bauch auf feuerroter Grundfarbe schwarz gefleckt. Die Finger und inneren Zehen sind rot gefärbt. Mit zunehmendem Alter färbt sich die Art gräulich. Auf Rücken und Flanken ist die Haut leicht gekörnt. Der Schwanz wirkt seitlich zusammengedrückt. Auf den Flanken vom Kopf bis zum Schwanz weist die Art eine Reihe graublauer Punkte auf. Oft sieht man an der Oberseite, besonders am Armansatz, einzelne rote Punkte.

Verhalten: Die Art ist tagaktiv. In der Natur lebt sie in stehenden oder langsam fließenden Gewässern.

Zusammensetzung: 1,1 / 1,X / X,X

Geschlechtsunterscheidung: Die Männchen sind in der Paarungszeit an der geschwollenen Kloake zu erkennen. Sie bleiben etwas kleiner und sind dünner als die Weibchen.

Nahrung: Gefüttert werden Mückenlarven, Wasserflöhe, Tubifex, Regenwürmer und Nacktschnecken, am besten im Wasser, wo lebendes Futter nicht entkommen kann.

Terrarium: Die Art wird im Aquaterrarium mit überproportionalem Wasserteil gehalten. Der Übergang zum Landteil sollte leicht ansteigen. Bieten Sie der Art auf Wurzeln oder Steinen trockene Sitzplätze an. Die Terrariengröße von 80 x 35 x 40 cm ist ausreichend für bis zu acht Tiere.

Temperatur: 15-20 °C, im Sommer auch bis 22 °C.

Beleuchtung: 10-12 Stunden mit gedämpftem Licht.

Winterruhe: Die Überwinterung ist bei der Art nicht erforderlich. Zur Auslösung der Fortpflanzung reichen im Winter sechs bis zehn Wochen lang Wassertemperaturen von etwa 10-15 °C bei auf acht Stunden reduzierter Beleuchtung aus.

Fortpflanzung: Nach komplexem Werbeverhalten mit Tanzeinlagen nimmt das Weibchen das vom Männchen abgelegte Samenpaket auf. Einen Tag später wird der Laich an Pflanzen geheftet. Die über 100 Larven schlüpfen nach etwa vier Wochen.

Bemerkung: Das Aquaterrarium darf nicht offen sein, die Tiere sind hervorragende Kletterer.

Eignung: Auch für wenig erfahrene Terrarianer geeignet.

Ideal ist eine Bepflanzung mit Wasserpflanzen, an die sich die Tiere, hier ein Weibchen bei der Eiablage, gern klammern.

Junge Tiere müssen die Möglichkeit haben, an Land zu gehen. Erst nach über einem Jahr gewöhnen sich die Tiere wieder an die aquatile Lebensform.

Klimastation Kunming, China *

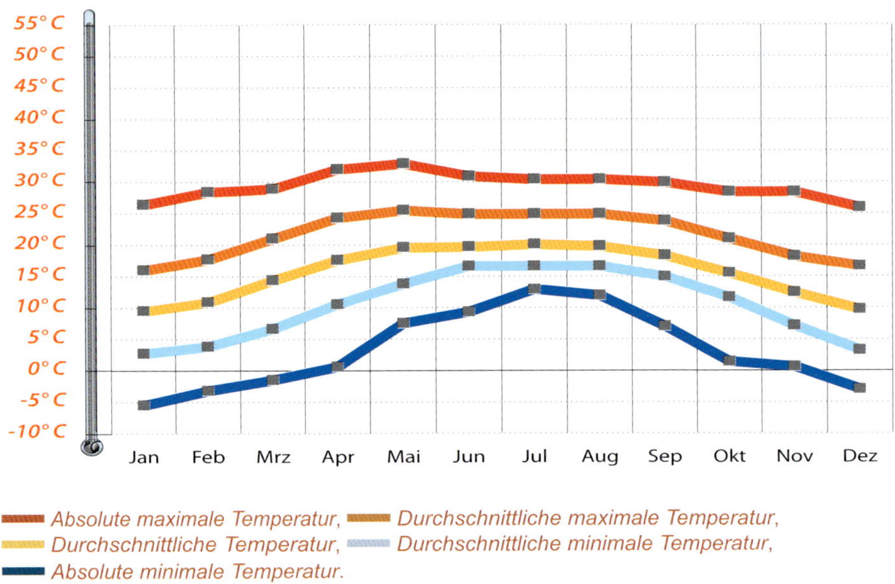

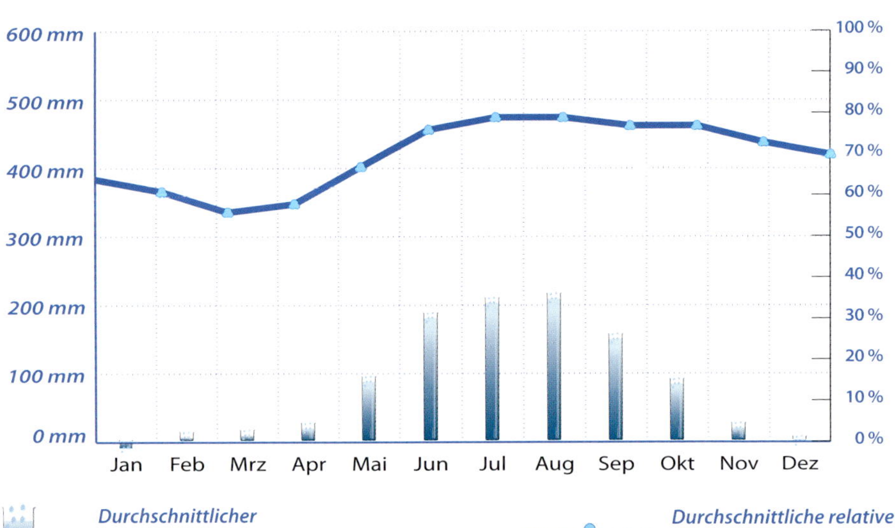

* Quelle: MÜLLER, M. (1996): Handbuch ausgewählter Klimastationen der Erde. Universität Trier, Forschungsstelle Bodenerosion.

Gebänderte Wassernatter

Nerodia fasciata

(Linnaeus, 1766)

Familie: *Colubridae* (Nattern).

Herkunft: Gewässer und Feuchtgebiete von der Mitte bis zum Südosten der USA.

Größe: Gesamtlänge bis 110 cm.

Beschreibung: Die Art hat eine natterntypische Körperform ohne deutlich vom Körper abgesetzten Kopf. Die Körperfärbung ist von Individuum zu Individuum verschieden. Grau-, Braun- und Rottöne bestimmen die Grundfarbe. Den Körper überziehen Längsbänder in gelber, roter bis braunschwarzer Färbung, die besonders bei Jungtieren stark ausgeprägt sind. Daneben gibt es fünf weitere Unterarten, die farblich abweichen.

Verhalten: Die Gebänderte Wassernatter schwimmt und taucht ausgezeichnet. Ihr Lebensraum sind vor allem Sümpfe und naturbelassene Feuchtgebiete.

Zusammensetzung: 1,0 / 0,1 / 1,X / X,X.

Geschlechtsunterscheidung: Beim Sondieren dringt man beim Männchen mindestens vier, beim Weibchen nur ein bis zwei Schuppen tief ein.

Nahrung: Gebänderte Wassernattern sind nicht wählerisch und fressen mit großem Appetit. Adulte Tiere werden alle zwei Wochen mit Fischen oder Fischstücken, Tau- und Regenwürmern gefüttert. Auch junge Säuger werden angenommen.

Terrarium: Wasser- und trockener Landteil des Aquaterrariums sollten gleich groß sein. Die Terrariengröße sollte auf die Gesamtlänge bezogen für die Haltung eines Einzeltieres oder Paares im Verhältnis (Länge x Breite x Höhe): 1,25 x 0,5 x 0,5 bemessen sein. Bei Haltung eines dritten Tieres sollten 20 % des Volumens hinzugerechnet werden.

Temperatur: 20-27 °C, Nachtabsenkung um 5 °C, Sonneninseln mit 30 °C, Wassertemperatur 17-24 °C.

Luftfeuchtigkeit: 60-70 %.

Beleuchtung: Bis zu zwölf Stunden. Ein Beleuchtungsmittel mit UV-Anteil empfiehlt sich.

Winterruhe: Fallen die Tiere im Herbst durch weniger Aktivität und Appetit auf, sollte bis Anfang Februar die Temperatur auf 10-15 °C gesenkt und die Beleuchtung ausgeschaltet werden.

Fortpflanzung: Die Art ist ovovivipar und bringt zur Frühlingszeit 50 Junge und mehr zur Welt.

Bemerkung: Einzelne Tiere können mit zunehmendem Alter auf Störungen recht bissig reagieren.

Eignung: Auch für wenig erfahrene Terrarianer geeignet.

Grau-, Braun- und Rottöne bestimmen das Erscheinungsbild der Art. Den Körper überziehen gelbe, rote bis braunschwarze Längsbänder, die besonders bei Jungtieren stark ausgeprägt sind.

Gebänderte Wassernattern sind nicht wählerisch und fressen mit großem Appetit. Gemeinsam gehaltene Tiere müssen bei der Fütterung getrennt werden, um heftige Beißereien zu vermeiden.

Klimastation Vicksburg (Mississippi), USA *

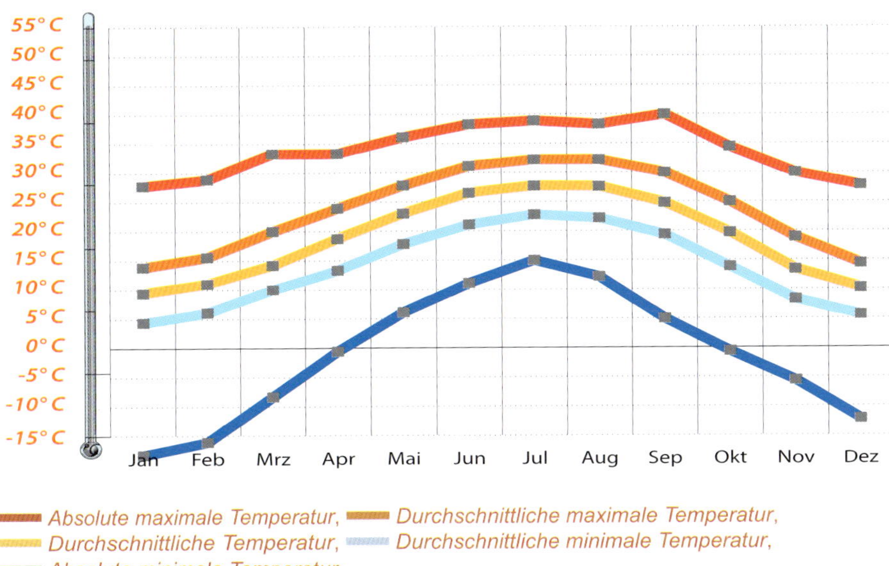

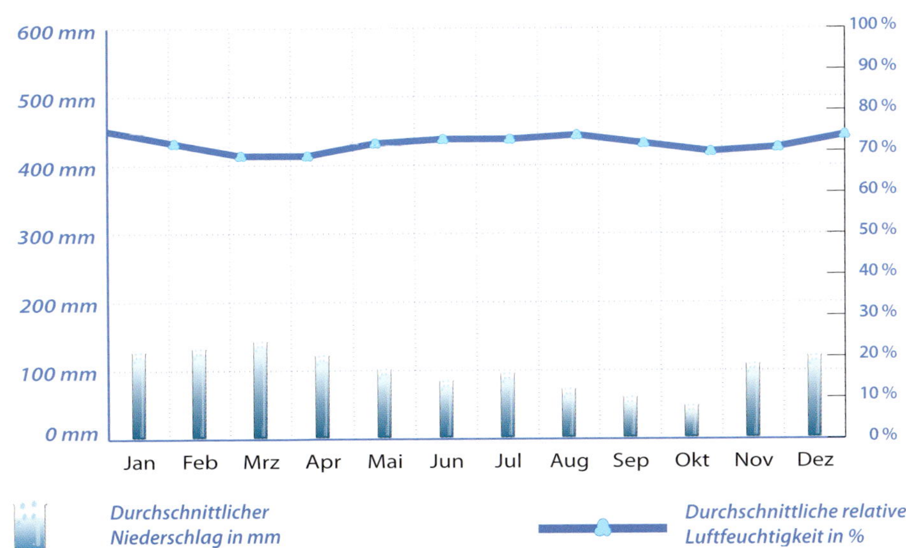

* Quelle: Verändert nach Müller, M. (1996): Handbuch ausgewählter Klimastationen der Erde. Universität Trier, Forschungsstelle Bodenerosion.

Gefleckter Tigersalamander

Ambystoma tigrinum melanostictum

(HALLOWELL, 1854)

Familie: *Ambystomatidae* (Querzahnmolche).

Herkunft: Von Alberta im Norden Kanadas bis in die USA, mit westlichster Ausdehnung bis Washington, östlichster Ausdehnung bis Nord- bzw. Süd-Dakota und südlichster Ausdehnung zum Norden Colorados.

Größe: Gesamtlänge bis 33 cm, Kopf-Rumpf-Länge 12-16 cm.

Beschreibung: Tigersalamander sind die größten landlebenden Salamander. Ihr Körper ist kräftig und gedrungen. Der Kopf ist breit, mit abgerundetem Maul und seitlich stehenden, etwas erhöht liegenden kleinen Augen. Der seitlich abgeflachte Schwanz wird zum Rudern eingesetzt. Die sechs Unterarten unterscheiden sich in Größe und Zeichnung. Der Gefleckte Tigersalamander weist eine netzartige Zeichenstruktur auf.

Verhalten: Die Tiere sind dämmerungs- bis nachtaktiv. In ihrem natürlichen Lebensraum halten sich unter Laub und an feuchten Stellen in der Nähe von Gewässern auf. Tigersalamander leben in Erdhöhlen, Gängen von Säugern oder unter Holz und Steinen. Zur Fortpflanzung suchen sie Gewässer auf.

Zusammensetzung: X,X.

Geschlechtsunterscheidung: Männchen sind meist schlanker und zur Paarungszeit an der geschwollenen Kloake zu erkennen. Ihr Schwanz ist im Querschnitt höher und länger.

Nahrung: Insekten, Würmer, Nacktschnecken, aber auch Fischstücke. Die Tiere können an die Fütterung mit der Pinzette gewöhnt werden.

Terrarium: Der Wasserteil sollte ein Drittel des Aquaterrariums ausmachen und etwa 10-20 cm Wasserhöhe aufweisen. Der Übergang zum etwa 20 cm hohen Landteil sollte schräg gestaltet werden. Als grabfähiges Substrat eignet sich Walderde oder ein Gemisch aus Sand, Torf und Gartenerde, abgedeckt mit Laub, Moos und Rindenstückchen. Bieten Sie unter flachen Steinen oder Hölzern Versteckmöglichkeiten an. Die gefräßigen Tiere koten stark, so dass das Terrarium entsprechend oft gereinigt werden muss. Als Terrariengröße bei Haltung eines klein bleibenden Paares reichen 80 x 40 x 35 cm aus. Zur Fortpflanzungszeit genügt ein Aquarium ab 80 cm Länge mit 25 cm Wasserstand.

Temperatur: Lufttemperatur 16-24 °C, nachts 2 °C kälter. Wassertemperatur 14-22 °C.

Luftfeuchtigkeit: 60-80 %.

Beleuchtung: 12-14 Stunden.

Winterruhe: Während bei südlicher beheimateten Unterarten schon eine Temperaturabsenkung auf 10-12 °C ausreicht, wird die hier beschriebene Unterart ***A. t. melanostictum*** acht bis zehn Wochen bei 2-5 °C überwintert.

Fortpflanzung: Nach der Überwinterung beginnt die Fortpflanzungszeit. Bei der Paarung nimmt das Weibchen die vom Männchen abgelegten Spermienpakete auf und legt bis zu 1 400 Eier an Wasserpflanzen ab. Die Larven schlüpfen nach zwei bis drei Wochen. Wegen innerartlichem Kannibalismus werden die Tiere am besten in kleinen Gruppen aufgezogen.

Bemerkung: Wichtig für die Temperaturansprüche bei der Haltung und besonders der Überwinterung ist die absolute Kenntnis über das Verbreitungsgebiet der gepflegten Unterart. Abbildungen der Körperzeichnungen und eine Verbreitungskarte findet man zum Beispiel auf http://www.discoverlife.org/mp/20q?search=Ambystoma+tigrinum.

Eignung: Auch für wenig erfahrene Terrarianer geeignet, die unterartspezifische Haltungs- und Überwinterungstemperaturen beachten.

Ambystoma tigrinum melanostictum ist die nördlichste Unterart; die nachfolgende Klimagrafik ist für die anderen Unterarten in keinster Weise repräsentativ.

Klimastation Walla Walla (Washington), USA *

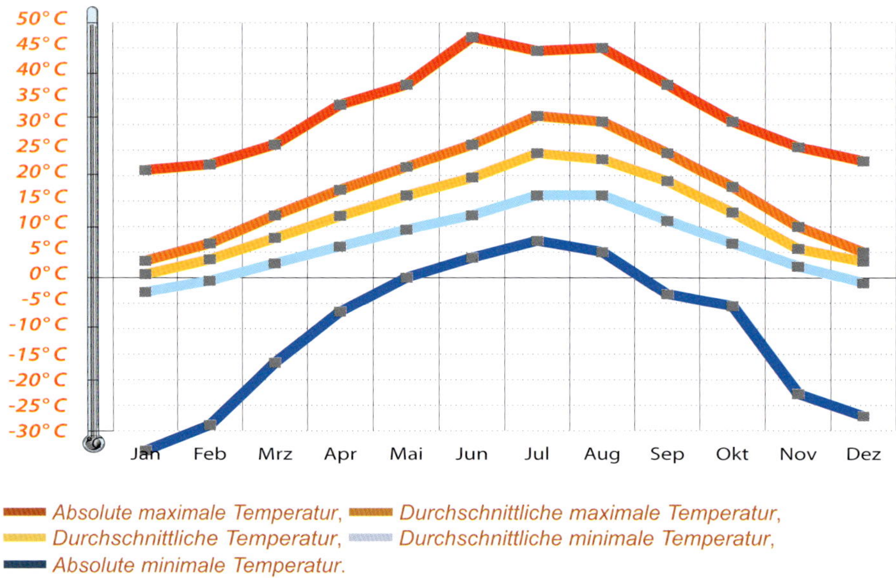

Absolute maximale Temperatur, Durchschnittliche maximale Temperatur, Durchschnittliche Temperatur, Durchschnittliche minimale Temperatur, Absolute minimale Temperatur.

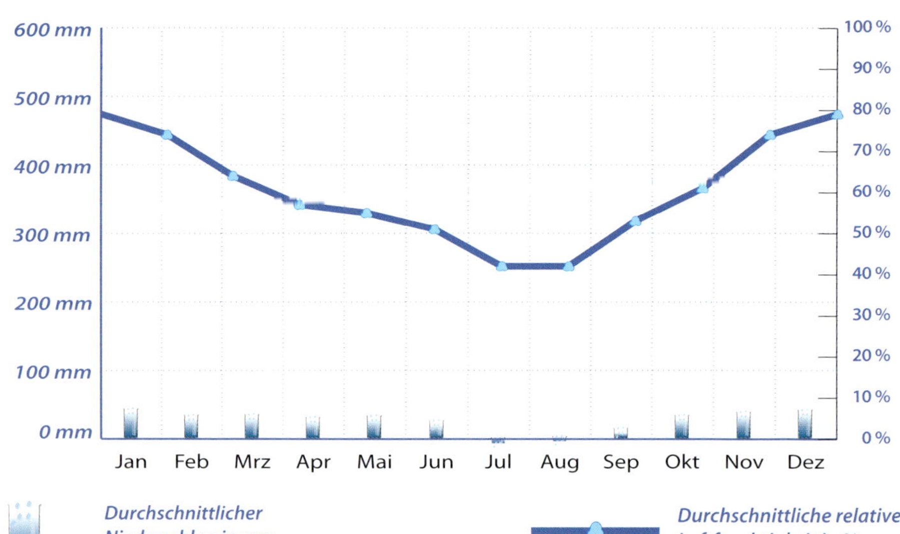

Durchschnittlicher Niederschlag in mm

Durchschnittliche relative Luftfeuchtigkeit in %

* Quelle: MÜLLER, M. (1996): Handbuch ausgewählter Klimastationen der Erde. Universität Trier, Forschungsstelle Bodenerosion.

Gewöhnliche Moschusschildkröte

Sternotherus odoratus

(Latreille, 1802)

Familie: *Kinosternidae* (Schlammschildkröten).

Herkunft: Bevorzugt stehende Gewässer von Nordmexiko bis Südkanada.

Größe: Panzerlänge bis 14 cm.

Beschreibung: Der hoch gewölbte Rückenpanzer ist dunkelbraun bis schwarz gefärbt. Bei jüngeren Tieren sind noch drei Längskiele auf dem Rückenpanzer sichtbar. Adulte Tiere weisen ein verkümmertes Scharnier am Bauchpanzer auf. Der Bauchpanzer selbst ist leicht zurückgebildet, wodurch die Füße freier liegen als bei anderen Arten. Kopf und Gliedmaßen sind graubraun bis schwarz. Auf dem Kopf befinden sich zwei helle Streifen, an Kinn und Hals sind Barteln zu sehen. Moschusschildkröten können den Kopf bis zu den Hinterbeinen recken.

Verhalten: Die Art hält sich in der Natur überwiegend im Wasser auf und bevorzugt Gewässer mit schlammigem Bodengrund. In ihrem Herkunftsgebiet sind die Tiere dämmerungs- bis nachtaktiv. Vor allem Männchen sind recht bissig. Bei Gefahr kann die Schildkröte aus Drüsen unter dem Rückenpanzer ein übel riechendes Sekret ausscheiden, das ihr ihren Namen gegeben hat.

Zusammensetzung: 1,X. Männchen vertragen sich nicht.

Geschlechtsunterscheidung: Die Männchen haben einen längeren Schwanz, der am Ende einen hornigen Nagel aufweist. Zudem finden sich bei männlichen Tieren zwei größere Hornschuppen an der Innenseite der Hinterbeine.

Nahrung: Die Art wird mit Regenwürmern, Insekten, Schnecken sowie Fischstücken ernährt. Gerne werden Agar- und Gelatinefutter gefressen. Als Abwechslung kann das im Handel erhältliche Wasserschildkröten-Trockenfutter gegeben werden.

Terrarium: Richten Sie ein Aquaterrarium mit kleinem Landteil ein. Der Wasserstand sollte 13 cm betragen. Ist er höher, sollten unbedingt Klettermöglichkeiten bis zur Oberfläche geboten werden. Als Bodengrund im Wasserteil kann Aquarienkies verwendet werden. Eine gute Filterung des Wassers ist wichtig. Bei Haltung mehrerer Tiere dürfen Sichtbarrieren, zum Beispiel aus Moorkienwurzeln, und Verstecke aus Blumentöpfen unter Wasser nicht fehlen. Wird der Landteil mit Hölzern dekoriert, sollte man auf Ausbruchsicherheit des Terrariums achten, da die Tiere gute Kletterer sind. Haltung im Teich ist möglich. Die Länge des Terrariums sollte das Fünffache der Panzerlänge betragen und die Breite die Hälfte der Terrarienlänge.

Temperatur: Wasser 20-25 °C, Lufttemperatur 22-27 °C, Sonneninseln 35-40 °C, Nachtabsenkung um 5 °C.

Luftfeuchtigkeit: 70-80 %.

Beleuchtung: Zwölf Stunden. UV-Bestrahlung ist erforderlich. Über dem Landteil sollte ein Spotstrahler angebracht werden.

Winterruhe: Die Tiere können ein bis zwei Monate ohne Heizung bei Zimmertemperaturen und mit nur sechs bis sieben Stunden Beleuchtung im Terrarium belassen werden.

Fortpflanzung: Die Art kann leicht zur Vermehrung gebracht werden. Das Weibchen legt die Eier bis zu 10 cm tief ins lockere Erdreich. Die Jungen schlüpfen bei 25-29 °C und 90 % Luftfeuchtigkeit nach 60 bis 80 Tagen.

Bemerkung: Die anfangs gezeigte Aggressivität und das Absondern des übel riechenden Sekrets legen sich sehr schnell. Die Tiere lassen sich nach Gewöhnung auch mit der Pinzette füttern.

Eignung: Auch für wenig erfahrene Terrarianer geeignet. Eine gute Alternative zu Sumpfschildkröten, da die Art recht klein bleibt.

Im Terrarium verlassen die Tiere selten den Wasserteil. Ein Landteil sollte aber allein schon wegen der Möglichkeit zur Eiablage nicht fehlen.

Klimastation Jacksonville (Florida), USA *

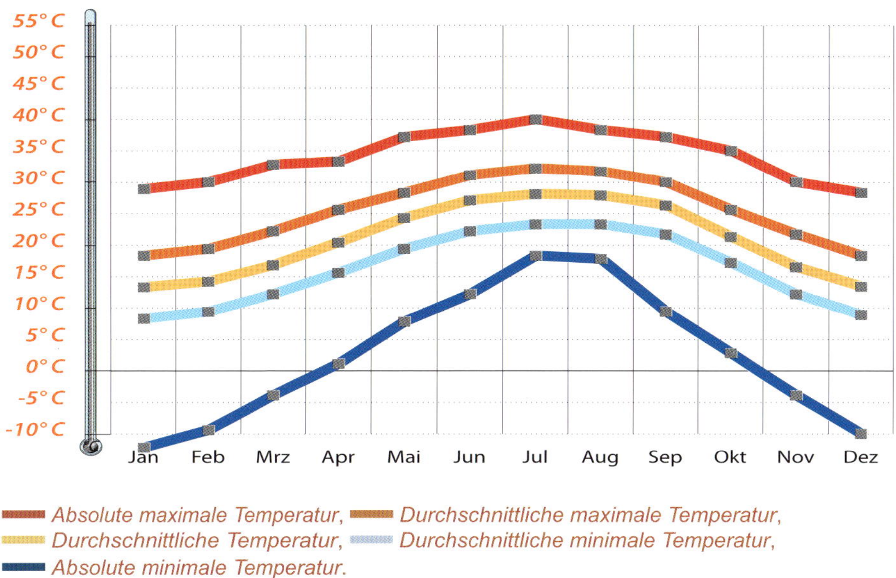

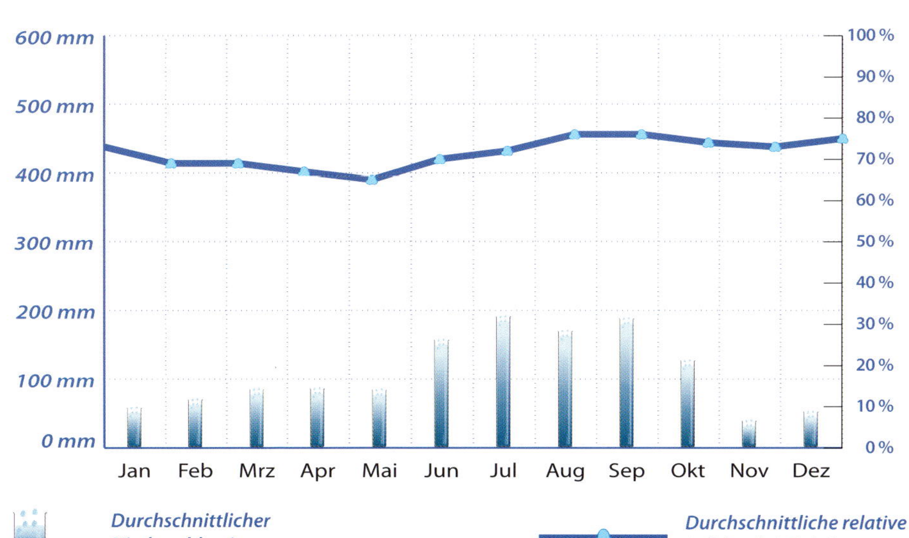

* Quelle: Müller, M. (1996): Handbuch ausgewählter Klimastationen der Erde. Universität Trier, Forschungsstelle Bodenerosion.

Grüne Wasseragame

Physignathus cocincinus

(CUVIER, 1829)

Familie: *Agamidae* (Agamen).

Herkunft: Tropische Gebiete in Myanmar, Laos, Kambodscha, Vietnam, Thailand bis Südchina.

Größe: Gesamtlänge 80-100 cm, Kopf-Rumpf-Länge 20-25 cm.

Beschreibung: Körper und Schwanz sind seitlich sehr abgeflacht. Auf hell- bis dunkelgrüner Grundfarbe zeigt die Art drei bis fünf helle Querstreifen. Die Unterseite ist meistens heller. Über den Rücken verläuft ein Kamm bis zum kräftigen Ruderschwanz. Dieser ist am Ende mit breiten dunklen Querbändern versehen. Die feine Beschuppung des Körpers fühlt sich wie glatter Stoff an.

Aktivitätszeit: Tagaktiv.

Lebensweise: Baumbewohnend.

Verhalten: Grüne Wasseragamen sind gute Schwimmer, die auf der Flucht abtauchen, wo sie über eine Stunde unter Wasser bleiben können. Abgegrenzte Reviere verteidigen Wasseragamen gegenüber Artgenossen zunächst durch Drohgebärden, indem sie den Kehlsack aufblasen, heftig mit dem Kopf nicken und die Vorderbeine kreisend auf und ab bewegen.

Zusammensetzung: 1,1 / 1,X. Die Art lässt sich zusammen mit Grünen Leguanen, Segelechsen, Helm- und Stirnlappenbasilisken halten.

Geschlechtsunterscheidung: Die Männchen haben schon nach sechs Monaten einen breiteren Kopf, größeren Kehlsack, kräftigeren Körper und größeren Kamm auf Rücken und Schwanz. Ihre Femoralporen sind größer ausgebildet. Ausgewachsene Weibchen sind blasser gefärbt, kleiner und haben einen niedrigeren Kamm.

Nahrung: Jeden zweiten Tag werden Insekten, Würmer, Fische und Kleinsäuger gefüttert. Auch Fruchtstückchen werden von der Grünen Wasseragame angenommen.

Terrarium: Aquaterrarium mit beheiztem Wasserbecken von 20-25 cm Tiefe, das die Hälfte des Terrariums ausmacht. Da die Tiere dieses Wasser sowohl trinken als auch darin koten, sind entsprechend häufiger Wasserwechsel und eine gute Filterung nötig. Die Dekoration mit Treppen oder ins Wasser hängenden Wurzeln erleichtert dem Tier das Verlassen des Wassers. Die Hälfte der Kletteräste sollte dicker sein als der Körper. Das Substrat aus Lauberde sollte leicht feucht gehalten werden. Die Terrariengröße sollte für die Haltung eines Paares auf die Kopf-Rumpf-Länge bezogen im Verhältnis (Länge x Tiefe x Höhe): 8 x

4 x 8 bemessen sein. Bei Haltung von mehr als einem Weibchen werden pro zusätzlichem Tier 15 % der Grundfläche hinzugerechnet.

Temperatur: 25-30 °C, nachts etwa 20-25 °C, Sonneninseln bis 35 °C, Wasser etwa 25 °C.

Luftfeuchtigkeit: 80-90 %.

Beleuchtung: 12-14 Stunden. UV-Bestrahlung ist erforderlich.

Fortpflanzung: Das Weibchen legt nach der Paarung sechs bis 18 Eier in eine Erdröhre, die es in der Ufervegetation gegraben hat. Im Inkubator schlüpfen bei 24-30 °C nach 65 bis 100 Tagen die Jungen.

Bemerkung: Die Tiere sind sehr ungestüm im Fluchtverhalten (vor allem Wildfänge, die nicht so schnell zahm werden wie Nachzuchttiere) und verletzen sich bei Sprüngen gegen die Scheiben leicht am Maul, was nach einer Infektion tödlich enden kann. Ihre Terrarien dürfen daher keinesfalls zu knapp bemessen sein. Im Vergleich zu Grünen Leguanen sind Grüne Wasseragamen besser zur Haltung geeignet, da sie nur halb so groß werden.

Eignung: Mit Vorkenntnissen zu pflegen.

Grüne Wasseragamen brauchen ausreichend große Terrarien. Haben sie genügend Platz, fällt ihr stark ausgeprägtes Fluchtverhalten weniger ungestüm aus.

Grüne Wasseragame.

Klimastation Hanoi, Vietnam *

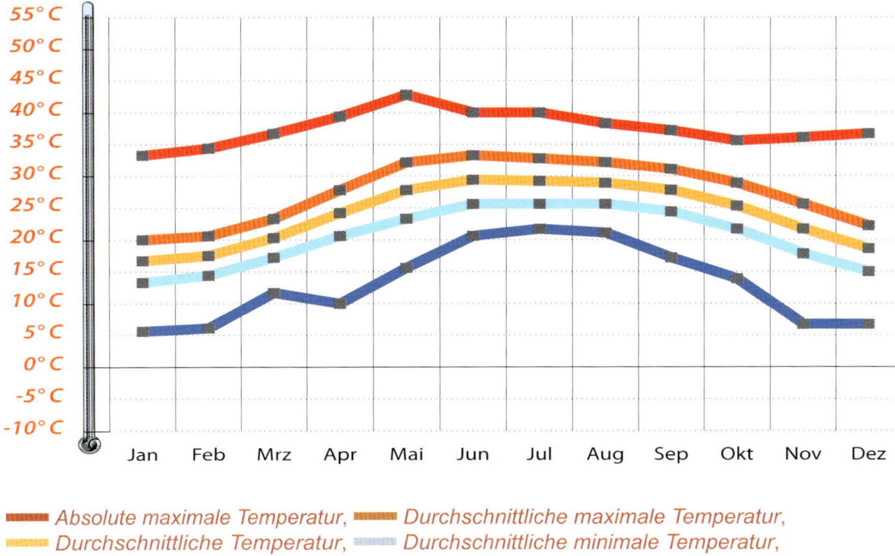

Absolute maximale Temperatur, Durchschnittliche maximale Temperatur, Durchschnittliche Temperatur, Durchschnittliche minimale Temperatur, Absolute minimale Temperatur.

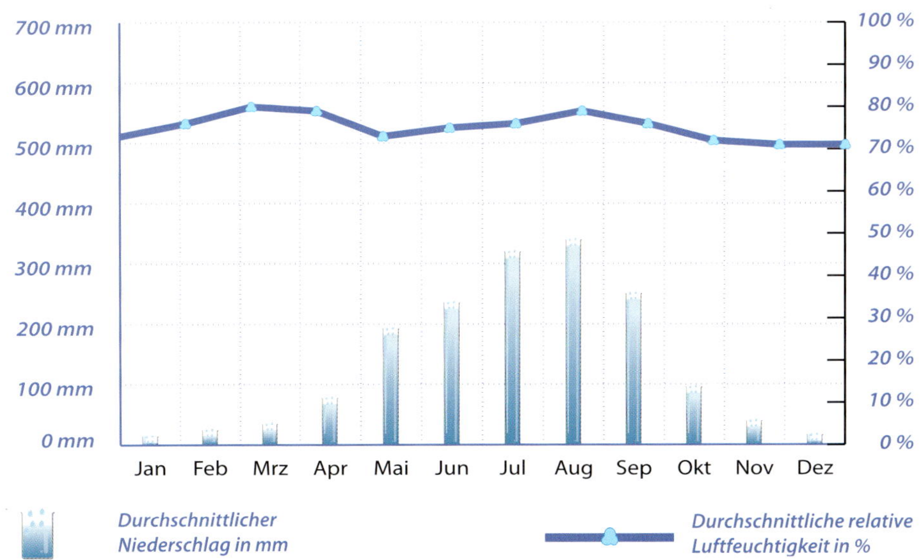

* Quelle: MÜLLER, M. (1996): Handbuch ausgewählter Klimastationen der Erde. Universität Trier, Forschungsstelle Bodenerosion.

Mississippi-Höckerschildkröte

Graptemys pseudogeographica kohnii
(Baur, 1890)

Familie: *Emydidae* (Sumpfschildkröten der Neuen Welt).

Herkunft: Stehende und langsam fließende Gewässer der südwestlichen USA.

Größe: Panzerlänge bis 26 cm.

Beschreibung: Der Rückenpanzer ist hellbraun mit runden Flecken und dunkelbrauner Firstspitze. Seine Ränder sind gezahnt. Der Bauchpanzer ist stark gemustert, verblasst aber mit zunehmendem Alter. Kopf und Gliedmaßen sind bräunlich mit kräftig gelben Streifen. Charakteristisch für die Art ist der Halbmond hinter dem Auge. Die Gliedmaßen sind mit Krallen und Schwimmhäuten ausgestattet.

Verhalten: Mississippi-Höckerschildkröten halten sich in Teichen, Weihern und ruhigen Flussabschnitten mit dichtem Bewuchs aus Sumpf- und Wasserpflanzen auf. Die Tiere sonnen sich auf Baumstämmen. *Graptemys*-Arten verhalten sich insgesamt recht scheu.

Zusammensetzung: 1,X / X,X. Gruppenhaltung mit mehreren Weibchen ist gut möglich, jedoch sollte die Verträglichkeit unter Aufsicht getestet werden. Eine Vergesellschaftung mit anderen Arten ist möglich, allerdings sind die Männchen untereinander unverträglich.

Geschlechtsunterscheidung: Männchen bleiben kleiner und haben längere Krallen an den Vordergliedmaßen.

Nahrung: Die Art ernährt sich karnivor. Gerne werden Agar- und Gelatinefutter gefressen. Als Abwechslung kann das im Handel erhältliche Wasserschildkröten-Trockenfutter gegeben werden. Mit zunehmendem Alter steigt der Anteil pflanzlicher Nahrung. Regelmäßige Vita-minzugabe ist unerlässlich.

Terrarium: Die Art wird im Aquaterrarium mit überwiegendem Wasserteil gepflegt. Der Wasserstand sollte maximal das Doppelte der Panzerbreite erreichen. Die Länge des Terrariums sollte das Fünffache der Panzerlänge betragen und die Breite die Hälfte der Terrarienlänge.

Temperatur: Lufttemperatur 26-27 °C, Wassertemperatur im Sommer 23-26 °C, Sonneninseln 35 °C, nachts 20-21 °C.

Luftfeuchtigkeit: 70-80 %.

Beleuchtung: 14-16 Stunden mit intensiver Beleuchtung. Über dem Landteil sollte zur Schaffung der benötigten Sonneninsel ein Spotstrahler angebracht werden. UV-Bestrahlung ist erforderlich.

Winterruhe: Senken Sie über einen Zeitraum von acht bis zwölf Wochen die Temperatur auf 10-15 °C ab und reduzieren Sie die Beleuchtungsdauer auf die Hälfte. Die Überwinterung kann unter Wasser oder alternativ in einer Kiste mit feuchtem Laub oder Moos erfolgen.

Fortpflanzung: Die Weibchen vergraben bis zu sieben Eier in weicher Erde. Die Jungen schlüpfen bei 28-30 °C nach 50 bis 60 Tagen. Nachzuchten sind für Pilzinfektionen anfällig, wenn sie zu kalt gehalten werden. Der Wasserstand darf bei Jungtieren das Doppelte der Panzerlänge nicht übersteigen.

Bemerkung: Die Tiere sind relativ scheu und benötigen eine sehr gute Wasserqualität.

Eignung: Mit Vorkenntnissen zu pflegen.

Charakteristisch für die *Graptemys p. kohni* ist der gelbe Halbmond hinter dem Auge. Dadurch unterscheidet sie sich von der Nominatform *Graptemys pseudogeographica pseudogeographica*.

Klimastation Vicksburg (Mississippi), USA *

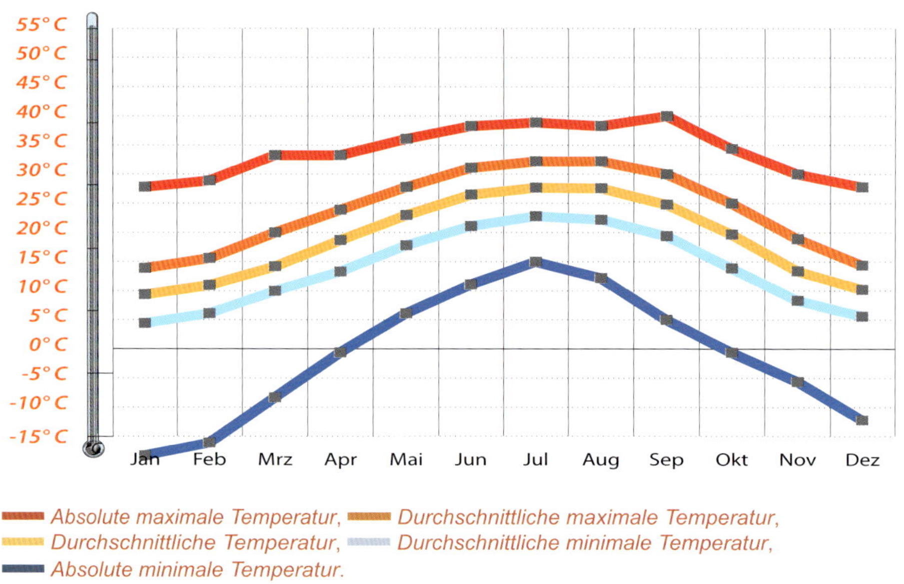

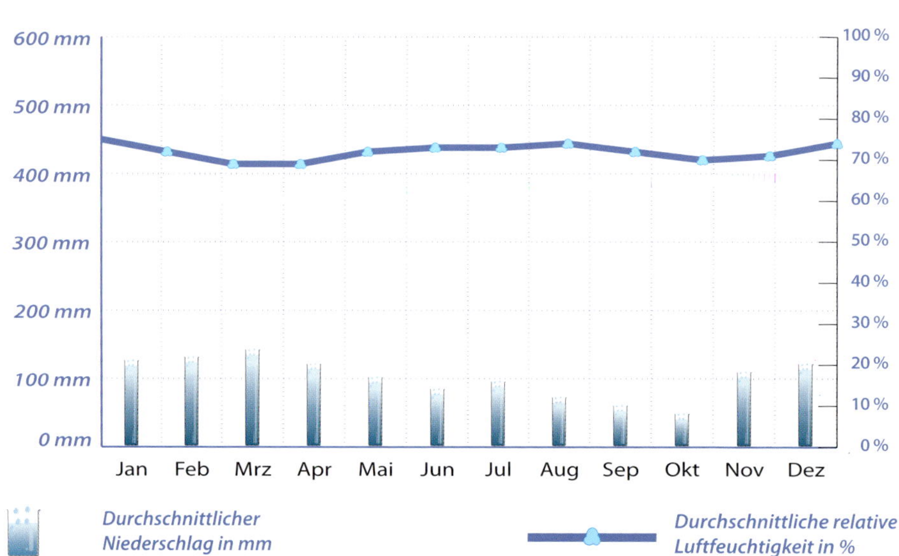

* Quelle: Verändert nach MÜLLER, M. (1996): Handbuch ausgewählter Klimastationen der Erde. Universität Trier, Forschungsstelle Bodenerosion.

Rotaugen-Laubfrosch

Agalychnis callidryas

(Cope, 1862)

Anderer Name: Rotaugenfrosch.
Familie: *Hylidae* (Laubfrösche).
Herkunft: Mexiko bis Panama.
Größe: Kopf-Rumpf-Länge bis 8 cm.
Beschreibung: Die Körpermusterung zeigt auf grünem Grund blau-gelbe Seiten. Einen starken Kontrast dazu bilden die orangeroten Füße und die auffälligen blutroten Augen. Die Unterseite ist weißlich. Körper und Gliedmaßen sind sehr schlank, fast gespenstisch hager. Gegenüber den Oberarmen sind die Unterarme mit vier Fingern kräftig entwickelt. Die Art kann sich besonders gut festhalten, da der Daumen den anderen Fingern beim Greifen gegenübergestellt werden kann.
Verhalten: Der Rotaugen-Laubfrosch bewohnt Regenwälder und Bäume in Gewässernähe, auf denen er sich langsam, fast chamäleonartig fortbewegt. Er ist nachtaktiv und schläft tagsüber zusammengekauert mit angezogenen Beinen, dicht angeschmiegt an Blättern oder in Blattachseln. Besonders interessant ist das Aufwachen, wenn sich der Frosch die Augen reibt und gähnt.
Zusammensetzung: Da sich Männchen durch Quaken gegenseitig stimulieren, zwei Männchen mit einem oder mehreren Weibchen halten.
Geschlechtsunterscheidung: Die Männchen bleiben etwa ein Fünftel kleiner als die Weibchen.
Nahrung: Wöchentlich pro Exemplar nur wenige Futtertiere wie Grillen, Fliegen oder Wachsmotten füttern.
Terrarium: Das Aquaterrarium mit 15 cm tiefem Wasserteil, der nach Heselhaus (1992) ruhig die gesamte Grundfläche ausmachen darf, sollte für die Haltung von sechs bis sieben Tieren 60 x 50 x 80 cm groß sein.
Temperatur: 22-28 °C, nachts 18-20 °C. Während der Regenzeit 20-26 °C und nachts 16-20 °C. Wassertemperatur 25 °C.
Luftfeuchtigkeit: 50-70 %, während der Regenzeit 80-90 %.
Beleuchtung: 10-12 Stunden.
Fortpflanzung: Nach 3-monatiger Regenzeitsimulation sollten diese Tiere jeden Abend gefüttert werden. Weibchen heften Laichpakete über einen Wasserteil, aus denen bis zu 70 Larven ins Wasser fallen.
Bemerkung: Die Frösche verenden schnell bei nicht ausreichend hygienischer Haltung. Wildfänge neigen zu Wurmbefall und sollten mindestens sechs Monate in Quarantäne gehalten werden.
Eignung: Mit Vorkenntnissen zu pflegen.

Die Körpermusterung zeigt auf grünem Grund blau-gelbe Seiten. Einen starken Kontrast dazu bilden die orangeroten Füße und die auffälligen blutroten Augen.

Der Rotaugen-Laubfrosch ist nachtaktiv und schläft tagsüber zusammengekauert mit angezogenen Beinen, dicht angeschmiegt an Blätter.

Klimastation Managua, Nicaragua *

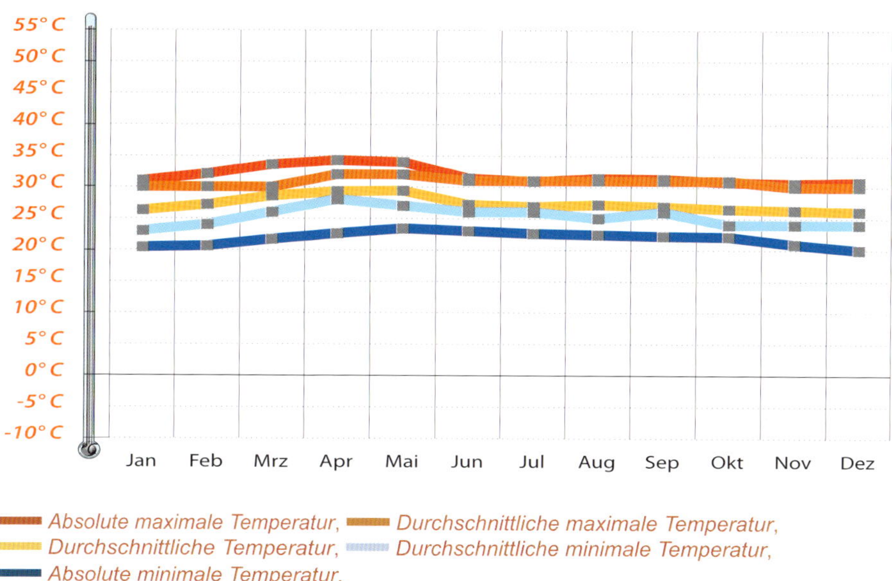

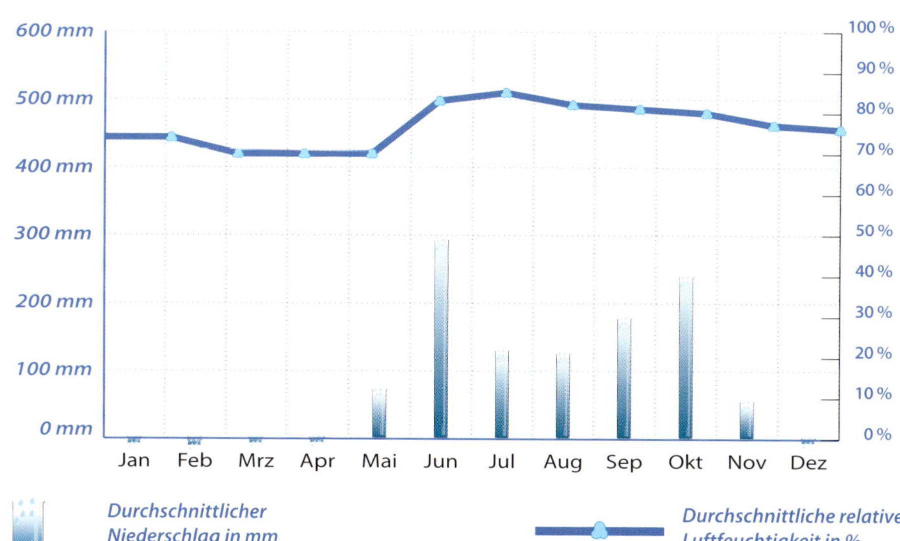

* Quelle: Müller, M. (1996): Handbuch ausgewählter Klimastationen der Erde. Universität Trier, Forschungsstelle Bodenerosion.

Spanischer Rippenmolch

Pleurodeles waltl

(MICHAHELLES, 1830)

Familie: *Salamandridae* (Echte Salamander und Molche).

Herkunft: Stehende und langsam fließende Gewässer Spaniens und Nordmarokkos.

Größe: Gesamtlänge bis 30 cm, Kopf-Rumpf-Länge 10-15 cm.

Beschreibung: Der Spanische Rippenmolch ist der größte europäische Salamander. Seine Körperform ist rundlich. Der Rücken zeigt eine olivbraune Färbung mit dunklem Muster. An der Seite befinden sich gelb-orange Längsstreifen und höckerförmige orangefarbene Giftdrüsen, weshalb die Tiere mit Vorsicht angefasst werden sollten. Bei der Art sind die Rippen nach oben gebogen und teilweise seitlich sichtbar, woher sie auch ihren Namen hat. Die Unterseite ist gelblich, die Haut warzig und mit Drüsen besetzt. Der Kopf ist rund mit breitem Maul. Der Schwanz wirkt zusammengedrückt.

Verhalten: Die Tiere sind dämmerungs- und nachtaktiv. Nur während der Fortpflanzung verhalten sie sich im Wasser tagaktiv.

Zusammensetzung: 1,1 / 1,X, / X,X. Die Tiere zeigen keine Aggression bei gleicher Größe, sollten jedoch nicht mit kleineren Tieren vergesellschaftet werden.

Geschlechtsunterscheidung: Die Männchen sind kleiner, schlanker und haben einen längeren Schwanz. Paarungsbereite Männchen haben eine geschwollene Kloake und dunk-le Brunstschwielen an der Innenseite der Vordergliedmaßen.

Nahrung: Die Tiere ernähren sich von Nacktschnecken, Regenwürmern, Tubifex, Insekten, kleinen Fischen, Fleisch- und Fischstücken. Regelmäßige Vitaminzugabe ist wichtig. Bei hohen Temperaturen und während der Winterruhe haben die Tiere wenig Appetit.

Terrarium: Für die Haltung empfiehlt sich ein Aquaterrarium mit 50 % Landteil. Der Wasserstand sollte 10-15 cm betragen. Der Bodengrund des Wasserteils sollte mit Kies bedeckt werden. Als Substrat des Landteils eignet sich besonders ein moosbedecktes Gemisch aus Lehm, Sand, Kies und Erde. Für die Dekoration im Wasser bietet sich Tropen- oder Savannenholz an, für die Gestaltung des Landteils mit Versteckmöglichkeiten lassen sich morsche Baumwurzeln und Korkstücke gut verwenden. Als Terrariengröße reichen für ein adultes Pärchen 80 x 35 x 40 cm, für bis zu sechs Tiere genügt

ein Terrarium mit 100 x 40 x 50 cm.
Temperatur: 17-22 °C, nachts 15 °C, Wassertemperatur 16-21 °C.
Luftfeuchtigkeit: 70-80 %.
Beleuchtung: 10-12 Stunden.
Winterruhe: Senken Sie vier bis sechs Wochen die Temperatur auf 7-10 °C und reduzieren Sie die tägliche Beleuchtung auf sechs bis acht Stunden. Erhöhen Sie dann den Wasserstand auf 25 cm oder setzen Sie die Tiere um.
Fortpflanzung: Einige Tage nach der Paarung, die kurze Zeit nach der Winterruhe erfolgt, setzen die Weibchen bis zu mehrere hundert traubenförmig verklebte Eier ab. Der Schlupf der Jungen erfolgt bei 17-22 °C nach 7-21 Tagen.
Bemerkung: Nach der Bundesartenschutzverordnung (BArtSchV) sind der Erwerb, Handel und Besitz der europäischen freilebenden Amphibien und Reptilien verboten. Spanische Rippenmolche dürfen daher nur in Ausnahmefällen gepflegt werden: nämlich wenn sie von Tieren, die vor Inkrafttreten der Verordnung zum 25.08.1980 bereits gepflegt wurden, unter menschlicher Obhut nachgezüchtet wurden.
Eignung: Auch für wenig erfahrene Terrarianer geeignet.

Der Spanische Rippenmolch ist der größte europäische Salamander. Bei der Art sind die Rippen nach oben gebogen und teilweise seitlich sichtbar, woher sie auch ihren Namen hat.

Klimastation Rabat, Marokko *

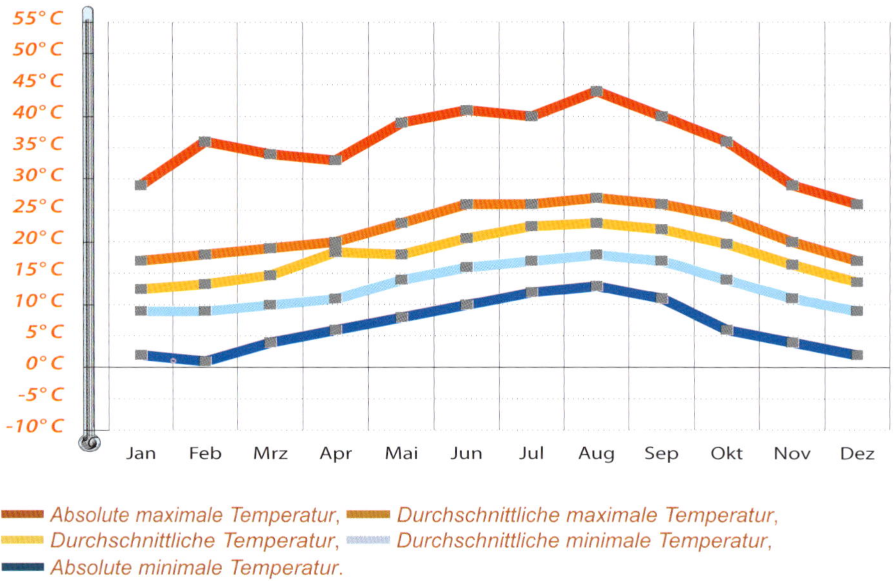

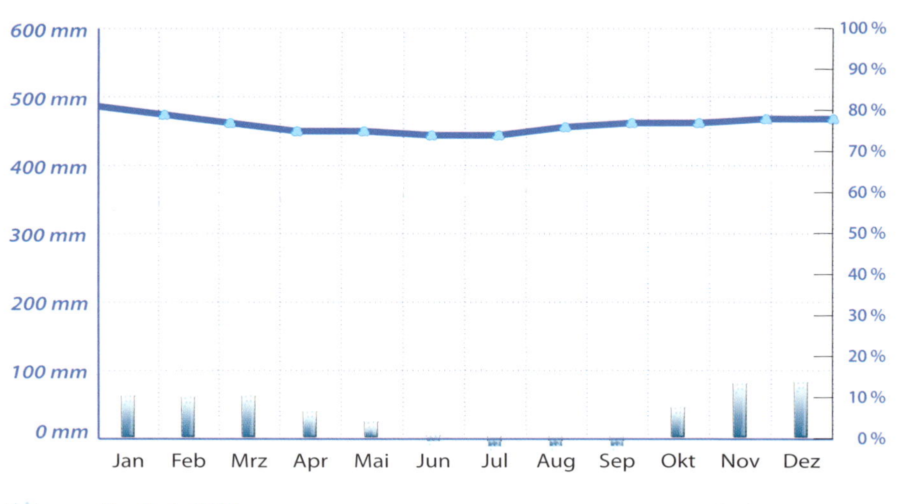

* Quelle: Müller, M. (1996): Handbuch ausgewählter Klimastationen der Erde. Universität Trier, Forschungsstelle Bodenerosion.

Tomatenfrosch

Dyscophus guineti
(Grandidier, 1875)

Familie: *Microhylidae* (Engmaulfrösche).

Herkunft: Schlammige Gebiete in der südlichen Hälfte Madagaskars.

Größe: Kopf-Rumpf-Länge bis 10 cm.

Beschreibung: Die Art ähnelt in Körperform und Bewegungsablauf den Kröten. Die Haut ist fein gekörnelt. Bauch, Kehle und Innenseiten der Finger sind weiß. Weibchen haben einen kurzen Kopf mit breitem, abgerundetem Maul. Der Kopf des Männchens ist spitzer. Die Gliedmaßen sind kräftig entwickelt.

Verhalten: In der Natur ist die Art dämmerungsaktiv und lebt tagsüber in ihrem Versteck zurückgezogen. Im Terrarium können die Tiere auch tagsüber beobachtet werden. Der Tomatenfrosch kann gut springen und hüpfen.

Zusammensetzung: Die Art ist untereinander gut verträglich.

Geschlechtsunterscheidung: Die Männchen bleiben ein Drittel kleiner.

Nahrung: Heimchen, Grillen, Heuschrecken, Regenwürmer, Schnecken und nestjunge Mäuse.

Terrarium: Das Aquaterrarium sollte etwa ein Drittel Wasserteil mit 10-15 cm Wasserhöhe aufweisen. Ein häufiger Wasserwechsel ist nötig, da die nimmersatten Tiere auch ins Wasser koten. Bieten Sie Versteckmöglichkeiten unter Wurzeln oder Korkstücken an. Die Terrariengröße sollte für die Haltung von zwei bis drei Tieren auf die Gesamtlänge bezogen im Verhältnis (Länge x Breite x Höhe): 10 x 4 x 4 bemessen sein.

Temperatur: 23-28 °C, nachts 20 °C, Wassertemperatur 25 °C.

Luftfeuchtigkeit: Zirka 80 %.

Beleuchtung: 10-12 Stunden.

Fortpflanzung: Eine etwa einmonatige Trockenperiode mit einer Luftfeuchtigkeit von 60-70 % kann sich stimulierend auf die Paarungsbereitschaft auswirken. Paarungswillige Männchen rufen im Wasser nach Weibchen. Wird dies von laichbereiten Weibchen beantwortet, werden diese aufgesucht und so lange umklammert, bis die bis zu 1 000 Eier beim Austritt aus der Kloake besamt werden können. Nach 36 Stunden schlüpfen bei 23-24 °C die Kaulquappen. Die Nachzucht ist recht schwierig, daher findet man fast nur Wildfänge im Handel.

Bemerkung: Der Tomatenfrosch *Dyscophus antongili* aus der nördlichen Hälfte Madagaskars genießt als Anhang-A-Art der Europäischen Artenschutzverordnung den höchsten Schutzstatus.

Eignung: Mit Vorkenntnissen in der Froschhaltung zu pflegen.

Auffällig sind die hervortretenden Augen mit goldfarbener Iris. Von den Augenhinterrändern bis zur Mitte der Körperseiten zieht sich eine wulstartige Falte, über der eine bräunliche Linie verläuft.

Das Substrat auf dem Landteil aus Erde, Lehm und Sand sollte feucht, am besten sogar schlammig sein, damit sich die Tiere tagsüber darin eingraben und verstecken können.

Klimastation Taolanaro, Madagaskar *

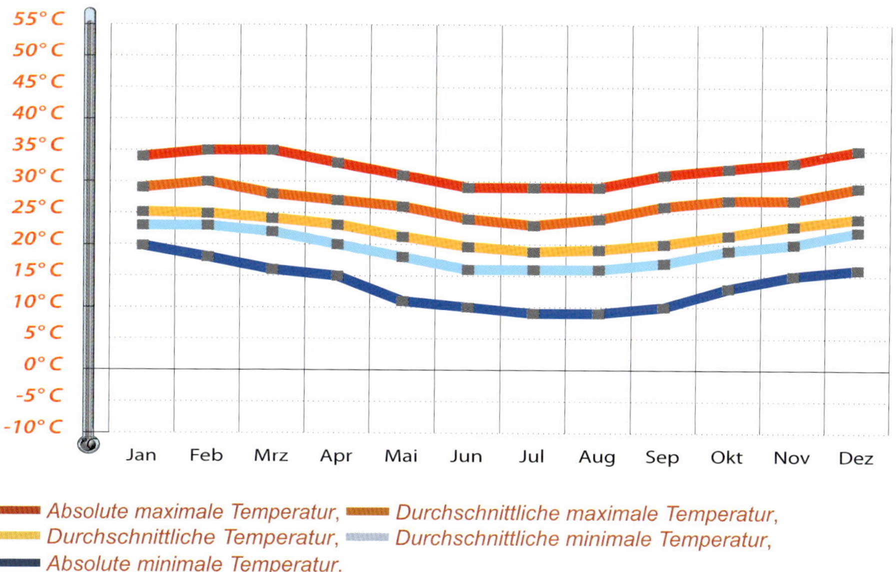

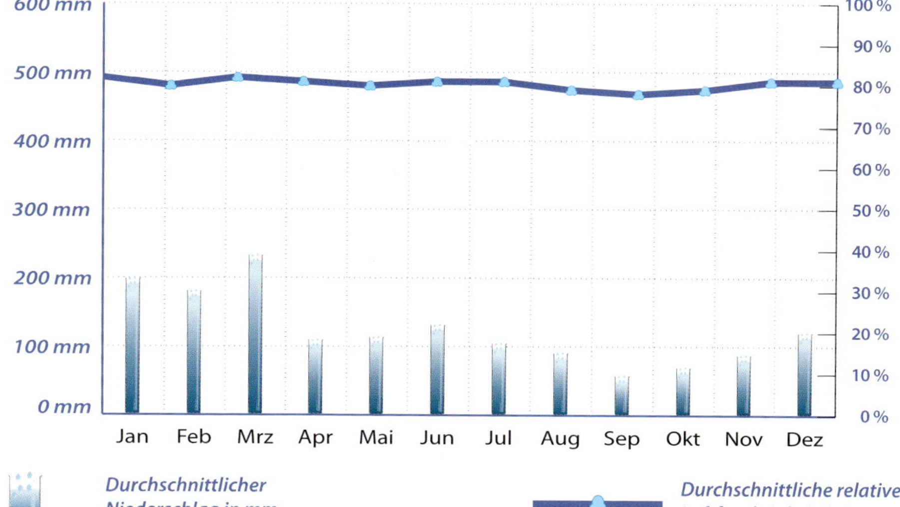

* Quelle: MÜLLER, M. (1996): Handbuch ausgewählter Klimastationen der Erde. Universität Trier, Forschungsstelle Bodenerosion.

Der kontrastreich gefärbte Rotaugen-Laubfrosch wirkt fast gespenstisch hager.

SERVICESEITEN

Hilfreiche Adressen

Herpetologische Organisationen

Bundesverband praktischer Tierärzte e.V., Hahnstraße 70, 60528 Frankfurt, Tel.: 0 69/66 98 18-0, www.tieraerzteverband.de, E-Mail: BPT-eV@t-online.de

CITES-Sekretariat, Frau Paula Henry, Scientific Coordination Unit, Chemin des Anémones, CH-1219 Châtelaine, Geneva, Tel.: 00 41-22/9 17 81 21, www.cites.org, www.cites-online.de, E-Mail: cites@unep.ch

Deutsche Gesellschaft für Herpetologie und Terrarienkunde (DGHT) e.V., Geschäftsstelle, Postfach 1421, 53351 Rheinbach, Tel.: 0 22 25/70 33 33, www.dght.de, E-Mail: gs@dght.de

Verband deutscher Vereine für Aquarien- und Terrarienkunde (VDA), Luxemburger Straße 16, 44789 Bochum, Tel.: 02 34/38 16 50, www.vda-online.de, E-Mail: info@vda-online.de

Zentralverband Zoologischer Fachbetriebe Deutschlands e.V. (ZZF), Postfach 14 20, 63204 Langen, Tel.: 0 61 03/91 07-0, www.zzf.de, E-Mail: info@zzf.de

Österreich

Herpetologische Terraristische Vereinigung Österreichs (HTVÖ), Postfach 60, A-1225 Wien, Tel.: 00 43-06 64/2 43 66 06, www.htvoe.at, E-Mail: info@htvoe.at

Österreichische Gesellschaft für Herpetologie (ÖGH), c/o Naturhistorisches Museum Wien, Burgring 7, A-1014 Wien, Tel.: 00 43-01/52 17 72 86, www.nhm-wien.ac.at/nhm/herpet/index.htm, E-Mail: andreas.hassl@univie.ac.at

Österreichischer Verband für Vivaristik und Ökologie (ÖVVÖ), Hans Esterbauer (Präsident), Johann-Puch-Straße 27/III/5, A-4400 Steyr, Tel.: 00 43-0 72 52/8 35 44, E-Mail: hans.esterbauer@aon.at

Reptilienverein Austria (RVA), Alexander Svobofa, A-4840 Vöcklabruck, www.rva.at, E-Mail: webmaster@rva.at

Schweiz

IUCN/SSC Amphibia/Reptilia Group, R.E. Honegger, Zoo Zürich, Zürichbergstrasse 221, CH-8044 Zürich, www.zoo.ch, E-Mail: zoo@zoo.ch

SWISSHERP, gemeinsame Homepage verschiedener herpetologischer Organisationen in der Schweiz, Dr. Beat Akeret, Katzenruetistraße 5, CH-8153 Ruemlang, Tel.: 00 41-1/8 17 02 57, www.swissherp.org, E-Mail: Admin@swissherp.org

Forschungs- und Untersuchungsinstitute

Alphabiocare, Institut für Zoomorphologie, Zellbiologie und Parasitologie, c/o Prof. Dr. Mehlhorn, Universitätsstraße 1, Gebäude 26.03.00.70, 40225 Düsseldorf, Tel.: 02 11/8 11 28 53, E-Mail: mehlhorn@uni-duesseldorf.de

Laboklin, Mikrobiologisches und parasitologisches Institut, Postfach 18 10, 97668 Bad Kissingen, Tel.: 09 71/7 20 20, www.laboklin.de

Staatliches Veterinäruntersuchungsamt, Dr. Silvia Blahak, Westernfeldstraße 1, 32758 Detmold, Tel.: 0 52 31/91 16 40

Österreich

Veterinärmedizinische Universität Wien, Institut für Biochemie, Prof. Dr. Franz Schwarzenberger, Veterinärplatz 1, A-1210 Wien

Schweiz

Institut für Tierpathologie der Uni Bern, Horst Posthaus, Länggas-Straße 122, CH-3012 Bern, Tel.: 00 41-3 16 31 24 00

Tomatenfrosch

Zeitschriften & Internet

Zeitschriften

Amphibia, Die Eidechse, elaphe, Iguana, Radiata, Salamandra, Sekretär, DGHT, Postfach 1421, 53351 Rheinbach, Tel.: 0 22 25/70 33 33, Fax: 0 22 25/70 33 38, www.dght.de, E-Mail: gs@dght.de (Bezug ist Bestandteil der Mitgliedschaft)

Aquaristik Fachmagazin, Tetra Verlag GmbH, Berliner Straße 8, 16727 Berlin-Velten, Tel.: 0 33 04/20 22-0, Fax: 0 33 04/20 22-20, www.tetra-verlag.de, info@tetra-verlag.de

DATZ, Die Aquarien- und Terrarienzeitschrift, Eugen Ulmer Verlag, Wollgrasweg 41, 70599 Stuttgart, Tel.: 07 11/45 07 01 06, Fax: 07 11/45 07 01 20, www.datz.de, info@ulmer.de

Der Taggecko, vierteljährliches Rundschreiben für Mitglieder der IG Phelsuma, www.ig-phelsuma.de

DRACO, **REPTILIA**, **TERRARIA**, Natur und Tier - Verlag, An der Kleimannbrücke 39-41, 48157 Münster, Tel.: 02 51/13 33 90, Fax: 02 51/1 33 39 33, www.ms-verlag.de, verlag@ms-verlag.de

Herpetofauna, Herpetofauna Verlags GmbH, Postfach 1110, 71365 Weinstadt, Tel. und Fax: 0 71 51/60 06 77, www.herpetofauna.de, info@herpetofauna.de

SAURIA, Terrariengemeinschaft Berlin e.V., c/o B. Buhle, Planetenstraße 45, 12057 Berlin, Tel. und Fax: 0 30/6 84 71 40, www.sauria.de, abo@sauria.de

Zeitschrift für Feldherpetologie, Laurenti-Verlag, Dr. Burkhard Thiesmeier, Diemelweg 7, 33649 Bielefeld, Tel.: 0 52 41/9 61 93 03, Fax: 0 52 41/9 61 93 04, www.laurenti.de, E-Mail: verlag@laurenti.de oder thiesmeier@cityweb.de

Internet

www.agamen.de
www.dght.de
www.terraon.de
www.terraristik.com
www.terraristik-talk.de
www.tieraerzteverband.de
www.wisia.de

Glossar

adult: geschlechtsreif, erwachsen
Art: Einteilungsstufe der Systematik, die der Gattung untergeordnet ist. Biologisch betrachtet eine Gruppe von Individuen, die in allen wesentlichen erblichen Merkmalen übereinstimmen und in freier Natur fruchtbare Nachkommen hervorbringen

Balz: Werbeverhalten eines Männchens gegenüber einem Weibchen zum Ziel der Fortpflanzung
Biotop: Lebensraum einer Art

dorsal: am Rücken, auf der Oberseite befindlich

Ektoparasit: an der Körperaußenseite befindlicher Parasit
Endoparasit: innerhalb des Körpers befindlicher Parasit
et al.: et alii, lateinisch für „und andere". Bei Literaturverweisen, wenn neben dem genannten weitere Autoren mitgewirkt haben.

Familie: Einteilungsstufe der Systematik, die der Klasse und Ordnung folgt

Gattung: Einteilungsstufe der Systematik, die der Art übergeordnet ist
Gesamtlänge: Maß für die Körperlänge von der Schnauzen- bis zur Schwanzspitze
Geschlechtsdimorphismus: unterschiedliches Aussehen männlicher und weiblicher Individuen
GL: Abkürzung für Gesamtlänge

Habitat: Vorkommen- bzw. Verbreitungsgebiet einer Art
Hemipenis: paariges Geschlechtsorgan bei männlichen Reptilien
Herpetologie: Lehre von den Amphibien und Reptilien

Inkubation: Ausbrüten von Eiern

Jacobsonsches Organ: paariges Geruchssinnesorgan im Mundhöhlendach
juvenil: jugendlich, noch nicht geschlechtsreif

Klasse: Einteilungsstufe der Systematik mit der Unterscheidung zum Beispiel in Reptilien und Amphibien
Kloake: Öffnung zur Ausscheidung von Exkrementen sowie zur Abgabe und Aufnahme von Spermien
Kommentkampf: ritualisierter Kampf, bei dem die Rangordnung innerhalb der Gruppe festgelegt wird, ohne dass es zu Verletzungen kommt
Kopf-Rumpf-Länge: Maß vom

Anfang der Schnauze bis zur Kloakenöffnung
Kopulation: Begattung, Paarung
KRL: Abkürzung für Kopf-Rumpf-Länge

lateral: an der Seite befindlich

Nominatform: Form einer mehrere Unterarten umfassenden Art, der alle anderen Unterarten zugeordnet werden

Ordnung: Einteilungsstufe der Systematik, die der Klasse unter- und der Unterordnung übergeordnet ist

Parasit: Schädling
Population: Gesamtheit der Individuen einer Art innerhalb eines bestimmten Gebiets, die eine Fortpflanzungsgemeinschaft bilden

Quarantäne: vorübergehende räumliche Isolation von Tieren, um Krankheiten nicht in den eigenen Tierbestand einzuschleppen

Rachitis: Krankheit, bei der sich Knochen und Panzer durch einen Mangel an Kalzium und/oder Vitamin D_3 auflösen.
Revier: abgegrenztes Gebiet, das ein Tier als sein eigenes betrachtet und entsprechend verteidigt
Ritualkampf: siehe Kommentkampf

Schwanzlänge: Maß von der Kloake bis zum Schwanzende
Schwanzwurzel: Stelle am Übergang zwischen Schwanz und Körper
SL: Abkürzung für Schwanzlänge
Subspezies: siehe Unterart
Substrat: Synonym für Bodengrund und Inkubationsmaterial
Sukkulenten: Pflanzen mit der Fähigkeit, in Stamm, Wurzeln oder Blättern Wasser zu speichern
Synonym: umgangssprachlich, alternativer Begriff; wissenschaftlich, veraltete Bezeichnung
Systematik: Einteilung des Tierreiches nach natürlichen Verwandtschaftsverhältnissen

Taxonomie: aus der Systematik resultierende Namensgebung
territorial: das Revier gegenüber Artgenossen verteidigend

Unterart: kleinste Einteilungsstufe der Systematik, die der Art nachgeordnet ist

Zeitigung: siehe Inkubation

Australische Wasseragamen können gut schwimmen und tauchen.

LITERATUR-VERZEICHNIS

Folgende Bücher und Publikationen wurden zur Erstellung dieses Buchs verwendet oder werden dem interessierten Leser empfohlen:

BUNDESMINISTERIUM FÜR ERNÄHRUNG, LANDWIRTSCHAFT UND FORSTEN (1997): Gutachten über Mindestanforderungen an die Haltung von Reptilien vom 10. Januar 1997.

DREWES, O. (2002): Faszination Terraristik. Wachtberg Verlag, Wachtberg-Berkum.

- (2005): Kompaktwissen Echsen. VIVARIA Verlag, Meckenheim.

- (2009): Kompaktwissen Agamen. VIVARIA Verlag, Meckenheim.

FREYE, F. L. (2003): Reptilien richtig füttern. Eugen Ulmer Verlag, Stuttgart.

FRIEDRICH, U. & W. VOLLAND (2005): Futtertierzucht. Lebendfutter für Vivarientiere. 4. Auflage. Eugen Ulmer Verlag, Stuttgart.

HESELHAUS, R. (1992): Tropische Laubfrösche. Eugen Ulmer Verlag, Stuttgart.

HORN, H.-G., SAUER, K., SCHUCHART, H., & B. STECK (2004): Vivarienbeleuchtung. Das richtige Licht in Aquarium und Terrarium. Edition Chimaira, Frankfurt am Main.

KÖHLER, G. (1996): Krankheiten der Amphibien und Reptilien. Eugen Ulmer Verlag, Stuttgart.

- (2004): Inkubation von Reptilieneiern. 2. Auflage. Herpeton Verlag, Offenbach.

MEUSEL, W. & J. HÜBL (1991): Vivarienbepflanzung. Urania Verlag, Leipzig.

RUNDQUIST, E. M. (1996): Parasiten bei Reptilien und Amphibien. Bede Verlag, Ruhmannsfelden.

SASSENBURG, L. (2005): Handbuch Schildkrötenkrankheiten. Herpeton Verlag, Offenbach.

SCHILDE, M. (2004): Die Moschus-Schild kröte. Natur und Tier - Verlag, Münster.

SCHMIDT, D. (2004): Die Gebänderte Wassernatter. Natur und Tier - Verlag, Münster.

WERNING, H. (2007): Die Grüne Wasseragame. Natur und Tier - Verlag, Münster.

WILMS, T. (2001): Terrarieneinrichtung. Grundlagen, Materialien, Methoden. Natur und Tier Verlag, Münster.

Physignathus lesueurii

STICHWORT-VERZEICHNIS

Die fett gedruckten Seitenzahlen verweisen auf Fotos.

Chinesische Dreikiel-Wasserschildkröten erreichen eine Panzerlänge von nur bis zu 17 cm.

BILDQUELLEN-NACHWEIS

Zur Vereinfachung wird Seite mit „S.“, oben mit „o.“, unten mit „u.“, links mit „li.“, rechts mit „re.“, sowie und mit „+“ abgekürzt.

Foto Cover: Drewes, Oliver

Bogaerts, Sergè: S. 52, 61
Borghold, Reiner: S. 1, 43
Beitz, Thomas: S. 89
Brennwald, Matthias: S. 49 o. + u., 92, 93
Bürger, Stefan: S. 64
Dohse Aquaristik KG: S. 7, 13, 16, 17, 18, 23 re., 25, 30, 31, 34, 35, 36, 37
Drewes, Oliver: S. 4, 8, 10, 26
Eurozoo: S. 24 li. o.
Hagen Deutschland GmbH & Co.KG: S. 23 li.
Held, Max: S. 14
Hilgers, Sabine: S. 84
Import & Export Peter Hoch GmbH: S. 24 li. u.
Jaggy, Ariane: S. 55 u.
Krebs, Claudia: S. 58 o. + u.
Michels, Jan: S. 22, 74 o. + u., 82
Namiba Terra: S. 24 re.
Reichert, Michael: S. 68
Reinhard Tierfoto: S. 71, 77
Seidel, Christoph: S. 46
Stein, Rolf: S. 88
von Hof, Thilmann: S. 21, 38, 55 o., 80 o. + u.
Wüthrich, Fritz: S. 67

Chinemys reevesii

DER AUTOR

Oliver Drewes, geboren 1970 in Haan, begeistert sich seit frühestem Kindesalter für die Zierfisch und Terrarientierhaltung. Nach dem Abitur 1990 fiel ihm die Wahl zwischen einem Biologie- oder Grafikdesignstudium schwer. Er entschied sich dann allerdings für keines von beiden, sondern stattdessen für die Ausbildung zum Industriekaufmann und ein Studium der Betriebswirtschaft. Seit 1999 arbeitet er in einem Traditionsunternehmen der Heimtierbranche mit Aquaristik- und Terraristikprodukten und ist dort als Prokurist tätig. Daneben arbeitete Oliver Drewes als Autor für den Wachtberg sowie den Gräfe und Unzer Verlag. 2005 gründete er den VIVARIA Verlag.

DANKSAGUNG

Großer Dank gilt den im Bildquellennachweis genannten Firmen und Personen für die freundliche Unterstützung mit Bildmaterial. Dem Zoologischen Forschungsinstitut Museum Alexander Koenig in Bonn danke ich für die Erlaubnis, das Titelfoto sowie das Foto von Seite 4 dort aufgenommen haben zu dürfen. Dr. Jakob Hallermann danke ich für Hinweise zur Systematik.

Publikationen des VIVARIA Verlags

KOMPAKTWISSEN ECHSEN porträtiert ausführlich über 100 Echsenarten. Ergänzt durch einen umfangreichen Allgemeinteil sowie Terrariendekoration und -technik ist das Buch ein unverzichtbares Nachschlagewerk.

Drewes, O.: 432 S., 505 Abb., 1. Auflage 2005, ISBN 3-9810412-0-8

KOMPAKTWISSEN AGAMEN porträtiert ausführlich und großzügig bebildert, ergänzt durch einen umfangreichen Allgemeinteil über Pflege, Ernährung und Terrariengestaltung, die beliebtesten Agamenarten.

Drewes, O.: 288 S., 348 Abb., 1. Auflage 2009, ISBN 978-3-9810412-5-5

DIE CHINESISCHE BERGAGAME stellt die beliebte Art *Japalura splendida* vor. Für herausragende Zuchterfolge wurde die Autorin 2004 mit dem Alfred-A.-Schmidt-Preis ausgezeichnet.

Laue, E.: 96 S., 48 Abb., 1. Auflage 2007, ISBN 978-3-9810412-2-4

DIE ZWERGBARTAGAME vermittelt Grundlagen der Haltung sowie Basiswissen über Klimaansprüche, Pflege und Ernährung der zunehmend beliebten Art *Pogona henrylawsoni*.

Freynik, C.: 64 S., 37 Abb., 2. Auflage 2007, ISBN 978-3-9810412-4-8

KOMPAKTWISSEN TAGGECKOS beschreibt die beliebtesten Phelsumenarten. Für alle, die sich auch für andere Arten als *Phelsuma madagascariensis grandis* interessieren.

Drewes, O.: 96 S., 90 Abb., 1. Auflage 2006, ISBN 978-3-9810412-1-7

DER VIETNAM-GOLDGECKO befasst sich mit Haltung, Pflege, Ernährung und Zucht der in den letzten Jahren immer öfter angebotenen Art *Gekko ulikovskii*.

Hofmann, T.: 64 S., 48 Abb., 1. Auflage 2007, ISBN 978-3-9810412-9-3

Publikationen des VIVARIA Verlags

DAS JEMENCHAMÄLEON vermittelt Grundlagen der Haltung sowie Basiswissen über Klimaansprüche, Pflege und Ernährung der beliebten Art *Chamaeleo calyptratus*.

Esser, S. / Drewes, O.: 64 S., 36 Abb., 1. Auflage 2009, ISBN 978-3-9810412-8-6

KORNNATTERN UND IHRE FARB- UND ZEICHNUNGSVARIANTEN gibt nach Darstellung der allgemeinen Haltungsgrundlagen tiefen Einblick in das Thema Auswahl- und Mutationszucht.

Glaß, M.: 144 S., 148 Abb., 1. Auflage 2007, ISBN 978-3-9810412-6-2

DAS TROCKENTERRARIUM UND SEINE BEWOHNER beschreibt den je nach Art der Einrichtung als Wüsten-, Steppen-, Savannen- und Felsterrarium bezeichneten Terrarientyp und porträtiert die dafür beliebtesten Tierarten.

Drewes, O.: 96 S., 104 Abb., 1. Auflage 2010, ISBN 978-3-9813176-0-2

DAS WALDTERRARIUM UND SEINE BEWOHNER beschreibt den auch als halbfeucht- oder halbtrocken bezeichneten Terrarientyp und porträtiert die dafür beliebtesten Tierarten.

Drewes, O.: 96 S., 116 Abb., 1. Auflage 2010, ISBN 978-3-9813176-1-9

DAS REGENWALDTERRARIUM UND SEINE BEWOHNER beschreibt den auch als Feucht- oder Urwaldterrarium bezeichneten Terrarientyp und porträtiert die dafür beliebtesten Tierarten.

Drewes, O.: 96 S., 115 Abb., 1. Auflage 2010, ISBN 978-3-9813176-2-6

ARTEMIA – DER URZEITKREBS beschreibt die interessante Überlebensstrategie und erfolgreiche Aufzucht der nicht nur als Fischfutter interessanten Krebsart.

Drewes, O: 96 S., 38 Abb., 1. Auflage 2007, ISBN 978-3-9810412-7-9